彩图 1　多肉植物面塑作品

彩图 2　郁金香面塑作品

彩图 3　荷花面塑作品

彩图 4　玫瑰花面塑作品

彩图 5　康乃馨面塑作品

彩图 6　牡丹花面塑作品

彩图 7　向日葵面塑作品

彩图 8　多种水果面塑作品

彩图 9　多种蔬菜面塑作品

彩图 10　斗鱼面塑作品

彩图 11　彩条小鸟面塑作品

彩图 12　彩条孔雀面塑作品

彩图 13　生肖鼠面塑作品

彩图 14　生肖牛面塑作品

彩图 15　生肖虎面塑作品

彩图 16　生肖兔面塑作品

彩图 17　生肖龙面塑作品

彩图 18　生肖蛇面塑作品

彩图 19　生肖马面塑作品

彩图 20　生肖羊面塑作品

彩图 21　生肖猴面塑作品

彩图 22　生肖鸡面塑作品

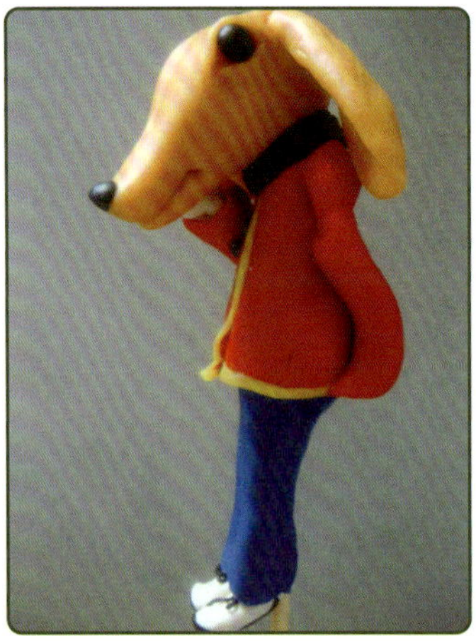

彩图 23　生肖狗面塑作品

彩图 24　生肖猪面塑作品

彩图 25　马面塑作品

彩图 26　人物面塑作品（面部及五官）

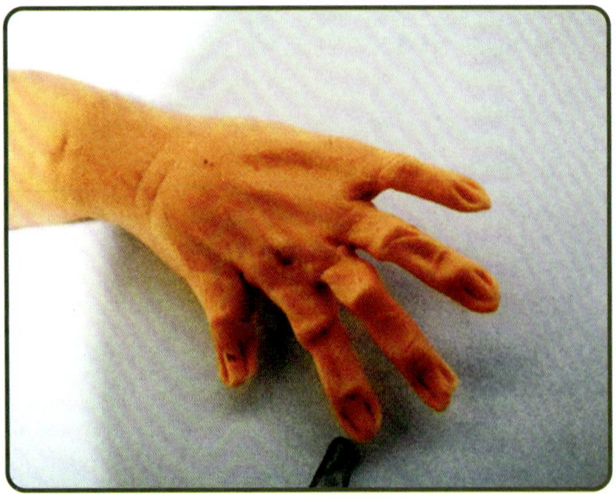

彩图 27　人物面塑作品（手）

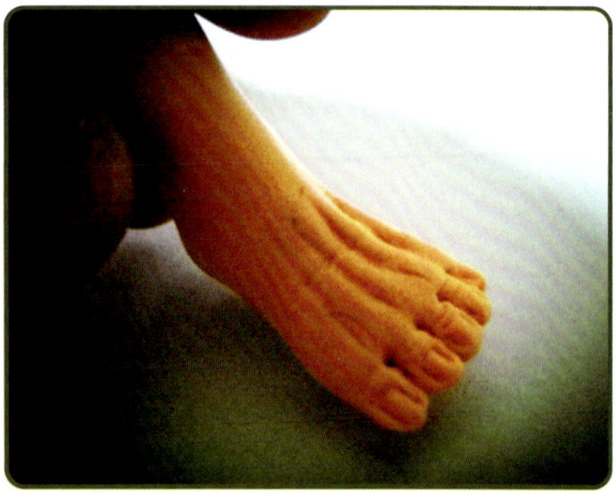

彩图 28　人物面塑作品（脚）

彩图 29　雏菊小女孩面塑作品

彩图 30　醒狮小女孩面塑作品

彩图 31　小孩抱鱼面塑作品

彩图 32　卡通大白面塑作品

彩图 33　卡通宇航员面塑作品

彩图 34　动漫人物面塑作品

彩图 35　芭比娃娃面塑作品

彩图 36　孙悟空面塑作品

彩图 37　猪八戒面塑作品

彩图 38　沙僧面塑作品

彩图 39　唐僧面塑作品

彩图 40　八仙之铁拐李面塑作品

彩图 41　八仙之汉钟离面塑作品

彩图 42　八仙之吕洞宾面塑作品

彩图 43　八仙之张果老面塑作品

彩图 44　八仙之曹国舅面塑作品

彩图 45　八仙之蓝采和面塑作品

彩图 46　八仙之韩湘子面塑作品

彩图 47　八仙之何仙姑面塑作品

彩图 48　寿星面塑作品

（1）　（2）　（3）　（4）　（5）　（6）

彩图 49　花馍面塑作品

职业教育“十四五”规划烹饪专业系列教材

面塑工艺实训教程

（第2版）

主　编　林　峰

副主编　薛茸芝　王成贵　常子龙　于佳卉

参　编　胡　平　于　鑫　刘洪丽

中国财富出版社有限公司

图书在版编目（CIP）数据

面塑工艺实训教程 / 林峰主编 . —2 版 . —北京：中国财富出版社有限公司，2023.12
职业教育“十四五”规划烹饪专业系列教材
ISBN 978-7-5047-8027-0

Ⅰ. ①面…　Ⅱ. ①林…　Ⅲ. ①面塑—装饰雕塑—职业教育—教材　Ⅳ. ① TS972.114

中国国家版本馆 CIP 数据核字（2023）第 246415 号

策划编辑	谷秀莉	**责任编辑**	田　超　刘康格	**版权编辑**	李　洋
责任印制	梁　凡	**责任校对**	卓闪闪	**责任发行**	杨　江

出版发行	中国财富出版社有限公司		
社　　址	北京市丰台区南四环西路 188 号 5 区 20 楼	**邮政编码**	100070
电　　话	010-52227588 转 2098（发行部）		010-52227588 转 321（总编室）
	010-52227566（24 小时读者服务）		010-52227588 转 305（质检部）
网　　址	http：//www.cfpress.com.cn	**排　　版**	宝蕾元
经　　销	新华书店	**印　　刷**	宝蕾元仁浩（天津）印刷有限公司
书　　号	ISBN 978-7-5047-8027-0/TS・0124		
开　　本	787mm×1092mm　1/16	**版　　次**	2024 年 5 月第 2 版
印　　张	8.25　　**彩　　插**　0.5	**印　　次**	2024 年 5 月第 1 次印刷
字　　数	186 千字	**定　　价**	40.00 元

职业教育"十四五"规划烹饪专业系列教材

编委会成员

前言

根据2019年国务院印发的《国家职业教育改革实施方案》文件指示精神，为落实“中国特色高水平高等职业学校和专业建设计划”以及深化《职业教育提质培优行动计划（2020—2023年）》的具体要求，以培养学生的职业能力为导向，加强烹饪示范专业及精品课程建设，促进中等职业教育快速发展，提高烹饪专业人才的技能水平，对接职业标准和岗位规范，优化课程结构，特编写此书。

面塑，俗称“捏面人”，据史料记载，早在汉代时对面塑就已有文字记录，经过几千年的传承和发扬，面塑作品已是研究历史、民俗、雕塑、美学不可忽视的实物资料。面塑作品精微细致、趣味盎然、生动传神，既有中国传统绘画的风采和神韵，又有民间艺术的淳朴气息。现代面塑以其成本低廉、保存时间长、艺术欣赏性强的优点被烹饪艺术师所青睐，成为一道亮丽风景。酒店制作的面塑突破传统面塑手法，借鉴雕塑等技法，细致程度有了质的提高，而且题材广泛，不仅有传统造型的面塑，还有很多反映现代风貌的作品。酒店制作的大型面塑配合高档宴席进行摆台，以及结合菜品制作出的各种盘式面塑、美食节上营销使用的表演面塑等，这些都使民间艺术得以发扬光大。

近年来，一些烹饪艺术师陆续出版一些面塑书籍，这些图书以面塑作品的制作过程为主要内容，相关知识介绍很少，只能起到令学习者模仿部分作品的作用，达不到系统学习面塑知识、掌握面塑技艺的目的。当前，职业院校烹饪专业师生缺乏实用的面塑教材，只能沿袭民间师徒传承的方法进行教学，市面上急需体系完整、理论知识与技能知识兼备的面塑教材。

本书针对职业院校烹饪专业面塑课程设置进行编写，由浅入深，图文并茂，力求使学生掌握制作要领。本书共分十个项目，每个项目都包括学习目标、训练任务、项目测试几部分内容。在面塑制作技艺项目中，按照训练目的、训练方式、训练准备、制作过程的框架构建教材内容，其中穿插了图片示意、知识链接等内容。教材的编写体现了由点到面讲解知识的特色，体系完整，框架结构清楚，易于为学生接受。

本书以花卉、果蔬、动物、人物等实例作品为主，还对面塑历史、工艺美术等相关知识进行了整理汇总，使学生既能自主解决实训过程中的技能问题，又能拓宽知识面，对扎实学习面塑技艺和创作面塑作品都起到一定的作用。

本书由长春市商贸旅游技术学校高级讲师、中国烹饪大师林峰担任主编；长春市商贸旅游技术学校高级讲师王成贵、常子龙，美术教师于佳卉和毕业于吉林艺术学院的薛茸芝老师担任副主编。其中，本次修订作品由薛茸芝老师制作，她多年来钻研面塑艺术，作品具有现代感，美术知识修订由于佳卉老师完成，全书由林峰总纂定稿。

本书修订过程中借鉴了相关资料，并得到了有关部门和学校领导的大力支持，在此一并表示感谢。

由于修订时间仓促，加之编者水平有限，书中尚有疏漏和不足之处，敬请广大专家及同行不吝赐教，以便再版时修订完善。

林峰

2023年11月

目 录

项目一　绪论

学习目标

- 了解面塑艺术相关知识
- 掌握面塑分类知识
- 掌握面塑艺术的价值
- 掌握面塑作品的保存方法

看PPT　　看电子书

任务一　面塑艺术

一、面塑的概念

面塑，是以面粉、糯米粉为主料，防干裂、防变质等添加剂为辅料，先和制、蒸制成可塑性面团，再调成不同色彩，用手和一些专用工具，塑造成各种栩栩如生的形象。

面塑，有些地区称面花、礼馍、花糕等，豫东地区称“蒸花馍”，豫西一带早年叫“窝窝花”，中华人民共和国成立后改称“糕花”，但在河南广大地区，叫得最多、最普遍的是“捏面花”。

面塑作为民俗节日或宴会中的馈赠物品、喜庆或装饰物品，可谓源远流长，早已成为中国文化的一部分。

二、面塑艺术的发展

面塑艺术源远流长，早在汉代就已有文字记载。

相传三国时孔明征伐南蛮，在渡泸江时忽然狂风大作，机智的孔明随即以面粉制成人头与牲畜模样来祭拜江神，说也奇怪，竟安然渡江并顺利平定南蛮。因此，常有面塑艺人供奉孔明为祖师爷。

但是，捏面人真正始自何年已不可考。

从新疆吐鲁番阿斯塔那古墓群出土的唐代面制女俑头、男俑上半身像和面猪来推断，距今至少已有1300年了。

南宋《东京梦华录》中就详细记载了当时东京汴梁城制作、出售各种面花艺术和民间习俗的情况，其对捏面人的记载为："以油面糖蜜造为笑靥儿。"可见，那时的面人是能吃的，谓之"果食"。

明代《宛署杂记》中记录了古代农村的村民在每年的农历正月，为了祈祷粮食丰收，会用面粉做成各种面食品，"花样奇巧百端"，相互赠送，并将这些面食品挂在田间、地头，以犒劳天地之神。明代的面塑逐渐脱离食用功能，演变成单纯的艺术形式。当时一些身背工具箱、四处奔波的面塑艺人出现在繁华闹市，以此为生计，这进一步促进了面塑艺术水平的提高。

近代，受文人艺术影响，面塑样式不断推陈出新，其艺术魅力使许多人不惜重金订购，或作贺礼馈赠亲朋，或作陈设摆放于自家案头。面塑从此身价翻倍，整体水平产生质的飞跃，表现手段和表现技巧日臻成熟、完善。

现代面塑备受世人青睐，它所注入的时代文化和创作者不断进取的热情和才思，使它成为一种出于俗而脱于俗的艺术作品。它在民间自由地按照自身规律生存和发展，由于少受污染的民间特色，它得以在今天的雅俗文化对流中以独特、完整的形象俏立于民间艺术之林。

三、面塑艺术风格

（一）造型特点

现在流传的面塑以地域划分基本上可分为两种风格：黄河流域的面塑多具古朴、粗犷、豪放的特点，以山西、山东为代表；长江流域的面塑多具细致、精美的特点，以上海为代表。

拿黄河流域来说，山西地区的面塑作品外形简练、夸张、生动，并富有雅拙的美感，常见秦汉遗风的纹样，地方特色浓厚。鲁西北地区的面塑作品多以圆雕造型为主，线条圆润流畅、删繁就简、高度概括，追求神似，大多为扁平状，既宜于平放和吊挂，又宜于晾干。鲁中和鲁东地区的面塑比鲁西北的面塑在造型上更注重内部结构的掌握，刻画得惟妙惟肖。

上海面塑在造型上摆脱了黄河流域概括、粗犷的特点，较山东、山西两地更为细致，面塑整体造型也更优美、逼真。

（二）装饰特点

总体而言，黄河流域的面塑装饰多用夸张、大胆的色彩对比手法，而长江流域的面塑装饰色彩对比相对较少，除了纯色外，大面积使用间色以及白色，效果更加淡雅。

例如，山东面塑装饰以大量的纯色为主，色彩艳丽、明亮，除了大面积使用红、黄、蓝、绿色外，还配以少量的白色、钴兰作点缀，最后用黑色线条勾勒，视觉冲击力强，沉稳而神秘。山西面塑除了具有以上特点外，还以豆、枣作点缀，一般用于装饰眼睛，达到整体上的对比效果。上海面塑作品用色较为淡雅，常用大量间色，如粉红、中黄、淡绿、土黄等，在各色之间会使用大面积的白色、黑色等，以降低色彩对比强度。

四、面塑艺术价值

（一）民俗价值

面塑是世代相传的民俗艺术，流行在我国黄河内外、大江上下的很多地方，如陕西、山西、山东、河北、河南、江苏等地。各地不同的风俗习惯，使面塑品种丰富。“礼从宜、事从俗”，民俗活动的需要直接促进了面塑的发展，面塑也被赋予不同的吉祥含义。例如，春节的时候，莲花和鱼形面塑表示连年有余；婚礼上龙凤、鸳鸯、石榴形状的“喜饽饽”，祝愿新人生活美满、多子多福；孩子满月，外婆家送给孩子十二生肖的面塑，或者“麒麟送子”，祈求圆满。陕西一带的农村很注重面塑，在拜年、贺喜、祝寿、探亲时往往带些“喜庆花糕”（也称“花馍”），这些造型不同的花糕与不同的民俗相互呼应，形成一道亮丽的民俗文化景观。

面塑其实是一种民俗文化符号，是原汁原味的乡土艺术。一方水土养育一方人，在家乡长期的民俗行为和精神熏陶中形成的民俗心理作用下，人们总容易被地方特征明显的艺术形式唤起心中的乡土情感。

（二）审美价值

面塑艺术的特点是造型完整、饱满、略有夸张，手法简练，注重神气，淳朴敦厚，色彩艳丽，让人觉得亲切自然。

面塑在人物塑造方面具有一些共性：突出文官学富五车、满腹经纶的特点；突出武官虎背熊腰、昂首挺胸的特点；突出老人老态龙钟、脊背弯曲的特点；突出女性削肩细腰、亭亭玉立的特点；突出儿童虎头虎脑、憨态可掬的特点；等等。在一组人物面塑中，注重场景气氛的营造，每个人物的神情姿态要个性分明，却又紧密围绕情节、烘托主题。对动物的塑造，则突出温顺可亲、喜庆祥和的一面，而不是夸大其凶猛的生物特征。

面塑之美，美在其自然的材料、自然的工艺。它塑造的形象是符合民俗文化心理的，是老百姓喜闻乐见的，最能反映民众的生存活力。

（三）教育价值

面塑绝不仅仅是玩赏品，它具有很强的社会教育功能。面塑艺术以其形象传达着一个个动人的故事。人们可以通过面塑孙悟空、猪八戒、白娘子、穆桂英、水浒英雄等形象给孩子讲述相关历史故事，从而在潜移默化中启迪孩子的智慧。面塑艺术的教育价值很大。

（四）经济价值

面塑一直是一种谋生的行当，随着旅游业的发展，面塑这种“小玩意儿”更能显示其经济价值。

（五）收藏价值

面塑作品具有很高的收藏价值，这是因为面塑是一种纯手工的民间艺术，它不可能大批量生产和制造，而且即使是同一位艺术家制作的同一造型的作品在细微处也会有所不同，不可能完全一致，所以每一件面塑作品都是孤品，都是独一无二的，这就更增加了它的收藏价值。

任务二　面塑分类

一、面塑专业分类

面塑流派及代表人物

（一）盘饰面塑

盘饰面塑就是在餐盘边上的面塑。其作用是美化菜点，提高菜点档次。盘饰面塑多为一次性使用，要求成型速度快，所以都是造型简单的作品，一般以花、鸟、鱼、虫、蔬、果等为主，所用面团颜料不能对菜点造成污染，可以使用食用色素或鲜艳的蔬菜汁进行调色。

（二）仿真面塑

仿真面塑就是用面塑技法制作各种逼真的面塑。其多使用不易保存、容易变色变质的材料，仿真面塑作为展示原料的替代品，现在被很多需要展示自己产品的食品企业和餐饮企业使用，有仿象牙雕、仿玉雕、仿漆雕、仿玛瑙雕等。

（三）船点

船点就是可食用的点心。船点多用澄粉、生粉、蔬菜汁、水果汁等制作而成。

船点是苏式点心的起源。所谓船点，就是在行驶的船上所吃的点心。古时的达官贵人经常到苏州游玩，那时候主要的交通工具是船，船航行速度慢，途中自然要用餐，于是船上配有专门的厨师为这些达官贵人制作点心。这些点心不但味道可口，有着香、软、糯、滑、鲜的特点，而且造型精美、创意十足，有的做成花卉式样，有的则是小动物样子，更有亭台楼阁、杯盏碗碟等静物。

船点选料考究，制作精良，加上艺术的创造，作为宴会点心可增加气氛。

（四）面馍

面馍就是有一定造型的经过发酵、蒸制的面食，用食用色素和干果描绘装饰出各种吉祥图案。面馍起源于西北农村，全国很多地区农村都会制作，多用于婚庆、寿宴、祭祀。

（五）棒上面塑

棒上面塑也称“签举式”面塑，是将面团黏附在细棍上，塑造出各种形象，买主举在手中或插于某处，故得此名。此类面塑一般由艺人在街头摆摊设点，当众表演制作，他们技艺娴熟，动作快速，令人赞叹。塑造的多为历史故事、神话传说、戏剧文学中的单个人物，形体高约15厘米。这类面塑风格粗犷、古朴、色彩艳丽，保留了很鲜明的地方特色，目前在一些地区依然广泛流行。

（六）收藏面塑

收藏面塑就是具有一定收藏价值的面塑作品。这是一种制作难度、艺术表现手法较高的雕塑式面塑。面塑材料要求性能柔软、质地细腻、可塑性强，而且面塑的题材、形式得以开拓，表现力极强。此类面塑作品把一幕幕活剧、一幅幅画卷浓缩于手掌之间，生动有趣，玲珑剔透，充分显示了精巧、典雅的艺术风格。

（七）微型面塑

微型面塑就是在核桃、花生等干果壳内制作的面塑，主要是在干果壳内塑出各种人物，虽然作品极其微小，但是人物丰富的表情及各部位都能细腻地展示出来。它的技法要求极高。

（八）肖像面塑

肖像面塑就是运用面塑技法制作人物肖像最终产生的面塑作品。肖像面塑制作要求制作者有很高的人物素描基础，这样才能形象地刻画出人物的神态。制作形式有现场塑像和照片塑像两种，现场塑像要求快、准。

（九）卡通面塑

卡通面塑就是卡通、动漫等形象的面塑作品。随着时代的发展以及不同地域文化的相互融合，很多艺术家不但制作传统主题的面塑作品，还吸收进卡通题材进行创作，制作出来的卡通面塑作品受到大众喜爱和认可，为面塑增加了一个新的表现题材。

二、地方面塑

（一）山东面塑

1. 济南面塑

济南面塑至今已有上百年的历史，以前面塑艺人挑担提盒，走乡串镇，面塑作品做于街头，成于瞬间，深受广大群众喜爱。

著名的济南面塑老艺人李俊兴曾挑着担子走遍中国各地，还远离国土到过东南亚、欧洲、中东等多个地区。中华人民共和国成立后，李俊兴将其面塑技艺传授下去，培养面塑艺人，从此形成济南面塑的独特风格。

济南面塑是济南工艺美术中极具地域特色的类别之一。济南面塑色彩鲜明，手法细腻，应用于指的捻、揉、搓，再配以刀、篦、针的搓、切、点，制成的人物形象，衣饰容貌逼真，特别是对中国古装戏剧人物的塑造，尤为传神。优秀作品《火烧琵琶精》《老寿星》等，曾多次参加全国工艺美术展览，获得好评。作品还有《嫦娥奔月》《天女散花》《三打白骨精》《大闹天宫》《霸王别姬》等。这些高仅数寸、小巧玲珑的面人，有的“龙腾虎跃”，有的“亭亭玉立”，都栩栩如生，见者无不为之叫绝，具有很强的艺术魅力，其中不少作品在市、省乃至全国的工艺美术展览中获奖，有的作品还参加了国际展览。

2. 莱州市金城面塑

莱州市金城人民积累了丰富的经验和精湛的制作技巧，使面塑日益走入日常生活，如青年人订婚的“鸳鸯”、结婚的“喜饽饽”、小孩过百岁的“穗子”、老年人庆寿的“寿桃”、盖房庆梁的“梁龙”“狮子”、正月十五的“圣虫”、七月七的“巧饼”、八月十五的“月糕”等，以人物花卉、鸟兽鱼虫、吉祥图形、戏曲故事为题材的装饰艺术品，花样繁多，造型新颖。

金城面塑一般由心灵手巧的妇女所做。制作时，先在精制面粉中调入适量的白糖，和好面团，经揉、搓、捻等，塑出基本形态，再用简单的工具进行剪、点、捏，使其特点、气韵突出。蒸熟后，再予以淡妆浓抹，巧加美饰。面塑成品风格多样，有的古朴自然，以拙见秀；有的细腻精巧，惟妙惟肖；有的匠心独具，自成一格。

为使这种传统工艺发扬光大，金城镇遵循精神文明与民间艺术融汇的扶持原则，自1989年开始每年正月十六都举办一次大型面塑展。如今，已发展出风格迥异、各具特色的金城面塑300多种类型。

3.郎庄面塑

山东冠县郎庄位于鲁西北，这里家家户户男女老少都会做面塑。面塑取材广泛，有十二生肖、历史传说、神话故事、戏曲故事、花鸟虫鱼、菜蔬水果等，如关公、八仙、刘海戏金蟾、哪吒闹海、猪八戒背媳妇、金鱼、蝉、青蛙、公鸡、老虎、猴、春燕等。

郎庄面塑大多用精制面粉发面，制作简单，用捏、揉、捻等方法造型，用剪刀、梳子做细节及装饰处理，蒸熟后上色点彩、涂胶，然后晾干，做成的面塑表面光亮、不易干裂。

郎庄面塑大多为扁平状，既宜于平放和吊挂，又宜于晾干。色彩丰富艳丽、纯度高，除了大面积的品红、黄、绿外，还用少量的白粉、钴蓝做点缀，最后用墨线细致勾勒，整体感觉活泼跳跃、绚丽多彩。

郎庄当地各种面塑都统称为“面老虎”，据说有这样一个故事：郎庄的“郎”和“狼”谐音，而狼食人畜，人们认为做面老虎吃掉狼才可以保人畜平安兴旺，也因此郎庄的面塑是从做面老虎开始的，后来当地面塑就统称为“面老虎”了。

（二）上海面塑

上海面塑已有百余年历史，最负盛名的面塑艺人当推被人称为“面人赵”的上海著名面塑艺术家赵阔明。赵阔明先在北方学艺，后又举家搬到上海，结识了上海民间面塑艺人潘树华，吸收潘树华的艺术之长，这使其技艺进一步提高，成为全国著名的面塑艺术家。他开创的上海面人赵技艺是海派面塑的杰出代表。

他的创作题材十分广泛，尤以传统戏剧和神话传说人物为主。其作品形象逼真，面部刻画细致，神态生动，色彩鲜艳丰富，被称为“立体的画”“无声的戏”。他通过长期摸索，掌握了一套能够使面人长期保存的办法，他制作的面人，不霉、不烂、不裂、不变形，也不易褪色，能够长期收藏。

他的代表作有传统题材作品《福禄寿三星》《观音》《长眉罗汉》《五子戏弥勒》《钟馗嫁妹》《关公看〈春秋〉》《林冲》《捉迷藏》等，表现现代题材的作品有《白求恩》《鲁迅》等。

赵阔明先生是上海面塑的一代宗师，他的精华作品将属于市井文化的艺术趣味上升为艺术美的典型，代表着当代中国面塑艺术的最高成就。

（三）山西面塑

山西民间有个习俗，那就是逢年过节、婚丧嫁娶等都要捏制面塑以示庆祝。

山西面塑，本身就是一种民间艺术品，这些面塑的形式、用途、色彩都与当地民俗活动、民俗风情紧密联系并发展变化着。山西南部的新绛县、襄汾县，蒸制面塑讲究染色，面塑制品华丽别致；霍州一带，面塑不讲究修饰着彩，有着朴素雅致的特点；忻州等地的面塑，则以塑为主，以着色为辅。

就全省而言，山西面塑以上等白面为原料，经揉面、造型、笼蒸、点色而成，造型夸张、生动，用色明快、大方，风格粗犷、朴实、简练，富有雅拙的美感，而且有着鲜明的民间和地方特色。

1. 霍州面塑

霍州面塑造型朴实，不多修饰着色，往往仅用品红点彩，当地人称之为“羊羔儿馍”，古时的“羊”即“祥”，有着“吉祥”的寓意。

春节来临时，农家妇女用家庭自磨的精粉按当地习俗捏制小猫、小狗、小虎、玉兔、鸡、鸭、鱼、蛙、葡萄、石榴、茄子、“佛手”、“满堂红”、“巧公巧母”等面塑制品，以象征万事如意、多福多寿、发家致富、和睦友爱。

在寒食节，祭祖用的面塑造型是“蛇盘盘”，分单头蛇、双头蛇。旧时民俗，祭祖时晚辈吃掉“蛇头”，表示“灭毒头、免灾祸”。

农历七月十五，霍州人捏制的面塑种类最多，有猪头、羊头、针线箩筐、顶针、剪子、针线、坐饽饽（女子坐于莲台的造型）、狮、虎、狐狸等。

农历七月初七是乞巧节，传说这一天妇女吃了“针线”“顶针”之类的面塑就心灵手巧。

婴儿闹满月，一般由姥姥家制作直径尺余的“囫囵”，即一个圆形面圈上再置放十二属相面塑。有时大“囫囵”里还会有小“囫囵”，中间放龙凤或虎头造型的面塑，名曰“龙凤呈祥”或“猛虎驱邪”。

新媳妇过门第一年，娘家要给女儿送“羊羔儿馍”，造型多样且有寓意。比如，牛羊象征六畜兴旺，石榴比喻多子多福。

2. 忻州面塑

忻州面塑是流传于这个地域的民间传统艺术品，它深藏于民间、扎根于民间，是当地的工艺品之一。

忻州一带，春节要敬神上供。春节前，把发好的面团捏制成“佛手”、石榴、莲花、桃子、菊花、马蹄等各种形状的供物，这些供物通称为“花馍”。

忻州花馍，中间往往插有红枣，既有装饰性，又是营养品、调味品，很受欢迎。当地还有一种大型供品，名为“枣山”。这种枣山以面卷红枣拼成等腰三角形，角顶往往塑一层如意形图案，在上面再加上面塑的“小元宝”三五个，还会塑上一个咬铜钱的“钱龙”。“枣山”蒸出后，用可食用色素点染，成为一种鲜艳的民间艺术品。

清明节，当地人会捏制一种面人头。这种面人头，内包油、盐、小米和芝麻素馅，为男、女小孩人头形象，用红芸豆做嘴、黑芸豆做眼睛，外加面鼻子、面耳朵、面眉毛等，蒸熟后加以点染，甚是天真可爱。有时还会捏制一种“寒燕儿”，捏好蒸熟的“寒燕儿”，插在酸枣枝上，逼真形象。

农历七月十五，忻州民间有蒸面人的习俗，相传这种习俗始于元代末年。七月十五的面塑样式繁多，有牛、羊、猪、兔、猫、鸡、鸭和花卉、瓜果等，还有寓含幸福、吉祥、爱情之意的鸳鸯等动物造型。

忻州一带，在婚娶之日，男女两家都会蒸很多大“喜馍”。这些大“喜馍”要摆在桌子上供人们欣赏、品尝。与此同时，还要蒸大“花糕”，有的地方习惯用十来斤面粉蒸一个“花糕”。这种花糕，以面做圆底盘，卷条边缘为纹，铺一层红枣，上面再加上一层比第一层略小的带花边的面盘，上面放上“鱼钻莲”的面塑，蒸熟后加色点染，供人们欣赏和食用，也可作为礼品馈赠。

忻州一带的寿诞之期，也常蒸制“寿馍”。“寿馍”多以桃形为主体，上加各种寓意吉祥长寿的小装饰物。

办丧事时，当地人会捏制一种在灵堂前供奉的“小食儿”面塑。这种面塑多为各种花果、小动物形象，甚为精巧别致，有的蒸熟后点染，有的晾干后点染。

在忻州市繁峙县一带，有一种以胖娃娃为题材的人物面塑，这种玲珑小巧、不点染色彩、白胖素雅的小面人有着爬、卧、抱花、啃瓜等各种姿态，有时，还将其置于大红大绿的“大面花”之中。

忻州民间还有着塑造有生、旦、净、末、丑京剧脸谱的人物面塑。这种面塑制作得也颇为精巧。

总之，忻州面塑各式各样，五花八门，丰富多彩，是民间具有审美情趣的艺术作品。

3.绛州面塑

绛州即今新绛县，是晋南平原上的一个县。这一带历史上盛产小麦，所以，逢年过节，这里的家家户户都要用上等的小麦磨成面粉，捏制成千姿百态的面塑欢度节日。由于这里的面塑注重彩色点染，花色绚丽，所以当地人称之为“花馍”。

绛州花馍，造型夸张别致，以“走兽花馍”最为出色。绛州城乡大部分家庭妇女都会捏制花馍，而且普遍会捏制多种造型，由于是自做自用，久而久之，一些家庭妇女熟能生巧，花馍的捏制水平不断提高。这种家家户户都要进行的民间活动，造就了大批捏制花馍的能工巧匠，而且技艺世代相传。

任务三　面塑作品的保存

一、面塑作品的风干

制作好的面塑作品，应该放置在室内通风、干爽无尘的环境里，用大约一星期的时间让作品自然风干。如果遇到潮湿天气，室内湿度比较大，可能需要两个星期或是更长的时间才能风干完成。

面塑最忌潮湿、暴晒或气温过冷过热。潮湿会让作品发霉，而暴晒会使作品出现裂纹。

风干后的面塑作品可以放置在玻璃柜或密封的玻璃盒里保存。

二、面塑作品的保存

面塑历史虽然悠久，但限于条件，其保存问题一直困扰着我们，以致我们今天很难见到先人的作品。随着社会的进步和技术的发展，面塑艺术家经过长期努力和探索，在面团配制和后道工序处理等方面，寻求到了一些比较科学合理的保存方法。现在面塑作品基本上能够做到保存百年，经特殊方法处理的甚至能够永久性保存。

大部分面塑作品都需要包装。选料讲究、做工精良的包装与高水平的作品组合在一起，才能成为完美的整体。因此，面塑作品包装问题一定要认真对待。

面塑包装分为内包装和外包装两种。

（一）内包装

面塑内包装包括玻璃罩和底座两部分，基本形状无怪乎圆形和方形两类。其尺寸规格依作品大小和实际需要而定。

1. 圆形内包装

圆形玻璃罩一般需要到专门商店购买或定做，玻璃罩要求透明度高，表面光洁无气泡，向里观看时作品不变形。圆形木底座需要车床加工出来，雕以花纹，涂棕红色或黑色油漆。高档次底座可以用硬红木制作。

2. 方形内包装

方形内包装是拿锋利的玻璃刀把玻璃按所需尺寸切割好，用玻璃胶将其黏合成方形玻璃罩，然后将宋锦条子折边后粘贴在棱线上制作成的。底座可用包裹较厚的草板纸加工制作。

罩子的材料还可以选用有机玻璃，优点是分量轻，质地坚硬，不易破碎，晶莹美观，密闭性强，但是造价较高，制作难度较大，一般需要到专门的商店定做。

（二）外包装

面塑外包装大多采用较硬的草板纸制成方形或圆形盒子，外包装内壁用较柔软的材料制作即可，这样在搬动和运输过程中可以防止振动造成的玻璃破碎、作品损坏。另外，包装的外面可以用锦缎织物裱糊，显得雅致漂亮、内外浑然一体。

此外，面塑作品因区域不同保存注意事项也不同。

如果是南方地区，气候热，湿度高，存放时应在玻璃柜里放入防潮剂。这样，除了方便观赏外，也可使作品不易变坏，阻隔尘埃之余使作品保存时间更长。但是，需要注意的是，无论面塑作品是否完成，都不能把没完全风干透的作品摆放在密封的玻璃盒里，否则面塑作品会出现发霉、断裂的情形。

北方地区，对于面塑作品风干时落上的尘埃，我们可以使用笔毛比较柔软的毛笔轻扫面塑表面，这样可以去掉面塑表面落上的尘埃，让面塑色泽如初。对于用毛笔扫除不了的尘埃，则可以用黏性不大的面团一点点粘去。注意，面团黏性不能过大，否则会使面塑表面粘上面渣，这样会损坏面塑作品。

项目测试

简答题

1. 简述面塑作品的分类。
2. 简述面塑艺术价值。
3. 简述面塑作品的保存方法。

项目二　基础篇

学习目标

- 了解面塑的基础知识及用途，掌握面塑面团的和制方法及面塑刀的使用，掌握色彩调配方式和色彩搭配基础知识
- 通过观察、练习、指导等训练方式，提高学生的操作技能
- 通过分析迁移，激发学生对面塑知识的迁移能力

看PPT　看电子书

任务一　面塑面团的和制

一、训练目的

通过学习，掌握面塑面团的和制方法及颜色的调配技巧。

二、训练方式

观察、练习、指导等。

三、训练准备

1	原料	低筋面粉、糯米粉、山梨酸钾、甘油、冷水、颜料
2	工具	案板、秤、蒸箱等

四、制作过程

（1）将称量好的低筋面粉倒在案板上，扒出一个坑。

（2）按配方比例称量糯米粉。

（3）将称量好的糯米粉和低筋面粉混合好。

（4）称量山梨酸钾。

（5）称量甘油。

（6）将称量好的山梨酸钾和甘油混合。

（7）称量冷水。

（8）往混合好的甘油、山梨酸钾中添加称量好的冷水。

（9）将混合好的液体与混合好的低筋面粉、糯米粉一起制成面团。

（10）揉匀揉透。

（11）放入塑料袋，压成薄饼状。

（12）摆入蒸盘。

（13）放入蒸箱蒸约30分钟。

（14）蒸好后晾凉并再次揉匀。

（15）加入所需颜料。

（16）不断对折、挤压、揉制，使颜色混合均匀。

面塑面团和制关键步骤如图2–1所示。

（1）

（2）

（3）

（4）

（5）

（6）

（7）

（8）

（9）

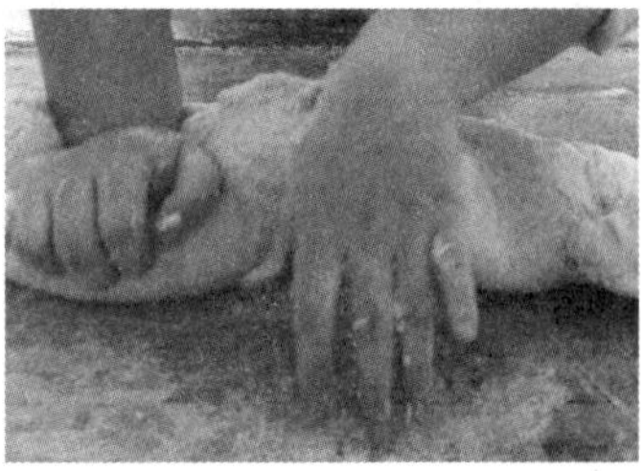
（10）

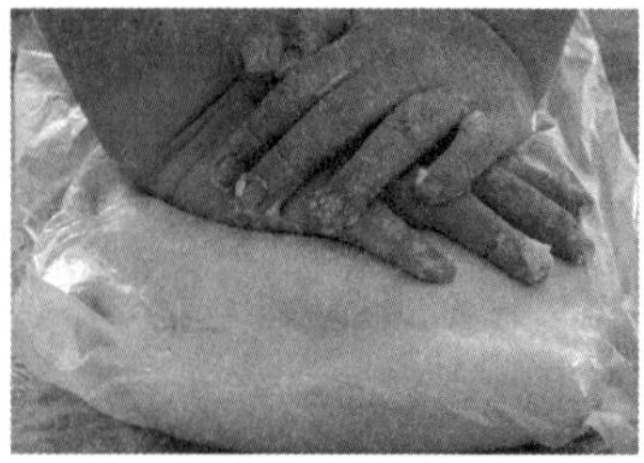
（11）

（12）

（13）

（14）

（15）

（16）

（17）

图2-1　面塑面团和制关键步骤

注意事项

1. 和制面团所有原料时要按配方比例下料。
2. 和制面团要揉匀揉透并醒置半小时以上再蒸。
3. 面团压成厚薄均匀的面饼再蒸制，面饼标准厚度为2厘米。

知识链接

一、面塑面团的材料

种类	介绍	特点
低筋面粉	小麦磨成的粉，面塑面团的主要原料	基本没有弹性，可塑性强，定型后基本没有变化
糯米粉	用糯米磨成的粉，比较黏，北方叫江米粉或黏米粉	黏性大、不易开裂
山梨醇	易溶于水。山梨醇不含醛基，不易被氧化，在加热时不和氨基酸产生美拉德反应，有明显的稳定作用和长期保存作用	加入食品可防止食品干裂，使食品保持新鲜、柔软状态
山梨酸钾	一种面塑防腐剂	防腐
丙酸钙		
水杨酸		
甘油	无色、澄明的黏稠液体。无臭，有甜味，能从空气中吸收潮气，有很好的保湿作用	保湿，防止干裂
蜂蜜	—	防腐和增加面团的色泽
颜料	广告色、可食用色素或颜色鲜艳的鲜榨蔬果汁	广告色：价格低廉，性能稳定，色彩持久性强。 可食用色素：用途广泛，相对安全 鲜榨蔬果汁：安全、健康

二、颜料的选择

面塑中使用的颜料有广告色、可食用色素等。这几种颜料各有利弊，可以交替使用。

可食用色素颜料有沁色的特点，所以在观赏性面塑里不提倡使用。

油画颜料色彩鲜艳且有一定的亮度，在做一些古装人物的衣服时使用该颜料效果非常好。

中国画颜料色彩稍暗，用其制作衣服颜色效果不是太好，但是用到头发或是颜色暗、对亮度要求不高的面团（如一些道具）上效果非常好，还可以用于制作人物衣服上的花纹彩绘等。

水彩颜料有点发涩，一般在道具的制作上使用较多。

广告色颜料鲜艳、亮度适中，符合大部分衣服材质效果，所以在面塑中制作衣服时使用广告色最多。

还有一种丙烯颜料，此颜料会与面塑面团发生化学反应，使面塑面团出现霉变，表面产生裂纹、结块，所以面塑中一般不使用。

三、面塑面团的调色

面塑面团的颜色虽然有许多种，但常用的颜色有7种：赤、橙、黄、绿、青、黑和白。面塑面团调色时，颜料不宜太多，一般面和颜料的比例是92∶8或95∶5，颜料加到面团中，应揉和均匀，以使面团圆润、色彩自然，没有漏色、夹色或是颜料疙瘩。面团的色彩对比度不宜过高，应避免大红大绿。制作具有地方特色的面塑时要根据要求调色。还需要注意的是，色彩会有沉降的过程，调完色的面团放置一段时间颜色会加深。

四、调色关键点

（1）颜料不要一次性加足，须分次加入。

（2）最后一次加颜料时不要加足，可使颜色稍微浅一些，这样沉降完颜色一般正好。

（3）有的颜色要少加，有的颜色要加足。

（4）调色时尽量使用广告色颜料，色泽更好。

（5）调出的基本色面团混合成复合色面团，调出的复合色面团与基本色面团再次调和会出现更多的复合色面团，如果用面量不等，也会出现不同的颜色。

五、人物皮肤颜色调色关键点

人物的基本肤色面团，是用70%的本色面团+27%的白色面团+3%的红色面团揉制成的。不同的人物调配方法不同。

（1）孩童和女人的皮肤要粉嫩一些。

（2）青年男人的肤色要加一些土黄色，因为青年男人常在户外活动，一般来说皮肤颜色比较深。

（3）调配老人和从事体力劳动的青年、中年人的肤色时要加一些赭色。

（4）历史上特定的人物需要根据人物特征调整肤色，如在调配关公肤色时要加一些赭色和洋红色，以调整为枣红色的皮肤，在调配包公肤色时应加一定量的黑色等。

（5）仕女脸上由淡到浓的胭脂红，或人物面部突然出现的胎记，用一般的调色手法是无法实现的。解决办法有3种：一是画，面部做好后，用笔轻轻地画出所需的颜色；二是加面，把一小块面按成薄片，贴在面部，再用面塑刀慢慢压好；三是涂，拿出一块调好色的面团，蘸上清水，小心地在人物面部涂色。这3种方法中，以第3种最为常用。

六、面塑中常用色系和调配方式

色系	调色方式
红色系	暗红＝大红色＋黑色　粉玫红＝玫红色＋白色　粉红色＝红色＋白色　玫瑰红＝大红色＋紫罗兰　赭石红＝玫瑰红＋柠檬黄＋黑色/白色＋红色＋黑色
黄色系	拿坡里黄＝白色＋柠檬黄＋肉色　藤黄色＝柠檬黄＋玫瑰红　橘黄色＝柠檬黄＋玫瑰红　秋香色＝群青蓝＋中黄＋赭石红　米黄色＝黄色＋白色　中黄＝大红色＋橘黄　土黄色＝柠檬黄＋黑色＋玫瑰红　人物的皮肤颜色＝红色＋黄色＋白色
绿色系	绿色＝蓝色＋黄色　嫩绿＝天蓝色＋黄色　蓝绿色＝天蓝色＋草绿色　浅绿＝柠檬黄＋草绿　墨绿色＝草绿色＋黑色　黄绿色＝柠檬黄＋草绿色　草绿＝柠檬黄＋湖蓝色/绿色＋黄色
紫色系	紫色＝红色＋蓝色　青莲＝湖蓝＋紫罗兰　藕荷色＝群青蓝＋大红色＋朱红＋白色　浅蓝紫＝天蓝色＋紫色（多）＋黑色（少）　紫罗兰＝大红色＋湖蓝色
灰色系	灰色＝黑色＋白色　重暖灰＝深红＋白色＋黑色　重冷灰＝普兰＋白色＋黑色　绿灰＝橄榄绿＋黄绿＋白色　瓦蓝灰＝普兰＋浅绿＋紫罗兰　紫灰＝玫瑰红＋天蓝色＋白色　黄灰＝肉色＋柠檬黄＋白色＋天蓝色　蓝灰＝浅绿＋湖蓝＋白色　钴蓝灰＝钴蓝＋浅绿＋天蓝
蓝色系	墨蓝＝天蓝色＋黑色　灰蓝色＝天蓝色＋黑色　浅灰蓝＝天蓝色＋紫色＋黑色＋白色
褐色系	熟褐色＝柠檬黄＋黑色＋玫瑰红/大红色＋草绿/柠檬黄＋紫罗兰/大红色＋柠檬黄＋湖蓝色　咖啡色＝玫瑰红＋黑色　檀香色＝中黄＋赭石红＋黑色

七、色彩的了解与搭配

说到色彩就会提到主色调、辅色调。在整个画面中，占比最大的颜色可以确定为主色调，辅色调则是在整个画面中起点缀、对比作用的颜色。色相环是指一种圆形排列的色相光谱，如图2–2所示。

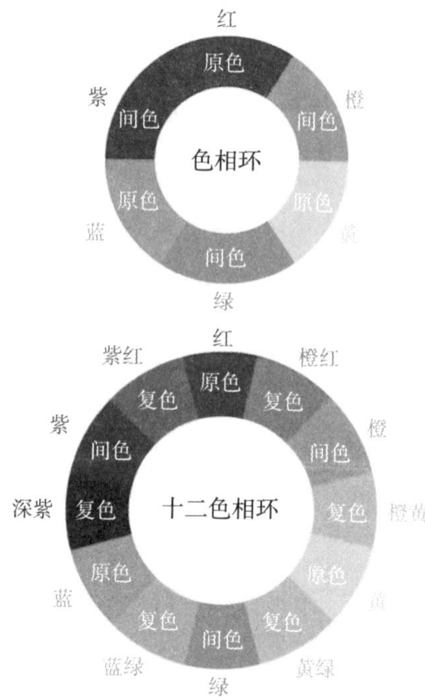

图2–2　色相环

1. 同类色搭配

同类色是色相性质相同，但色度有深浅之分，色相环中15°夹角内的颜色。同类色搭配给人统一、专业的视觉感受，体现一种渐变的层次感、规律感，是最不易出错的色彩搭配方法。例如，深浅不一的蓝，淡黄＋中黄，粉色＋大红＋深红等。

2. 邻近色搭配

邻近色也叫类色，是色相环中与主色夹角为90°的两种颜色。邻近色色彩对比不强烈，给人色感平静的感觉，协调、自然、有层次。例如，粉＋紫（浪漫甜美），黄＋绿（春意盎然的轻松氛围），黄＋橙（轻快、欢欣、热烈、时尚），蓝＋紫（层次感、呼吸感）等。

3. 对比色搭配

对比色为色相环中与主色夹角为120°的两种颜色，又叫相反色。对比色颜色之间相互碰撞，效果强烈、醒目、引人注意、使人兴奋，但容易造成视觉疲劳，不易统一。搭配时可适当运用无彩色（黑、白、灰）或主色的同类色调。

4. 互补色搭配

互补色为色相环中与主色夹角为180°的两种颜色。互补色对比较强，富有冲击力。搭配使用时要注意提高或降低色彩明度、使用面积一大一小、调节好色彩饱和度。例如，红＋绿，黄＋紫，蓝＋橙等。

对比色搭配与互补色搭配要注重主副色之分，整个作品中，色彩面积占比不能为1∶1，可以参考3∶1进行创作。

5. 冷暖色搭配

冷色和暖色是对比之后得出的，没有单纯的冷色，也没有单纯的暖色。通常认为橘红是最暖的颜色，而钴蓝是最冷的颜色。红色、橙色和黄色在色相环上是暖色。暖色通常会让人产生幸福、乐观和活力的感觉。然而，黄色、红色和橙色也具有吸引注意力的效果并发出危险信号或促使人采取行动（停车标志、危险警告），红色还可以增加人的食欲。绿色、蓝色和紫色为冷色，通常会令人平静和舒缓，但也可以表达悲伤。紫色通常用于激发创造力。

任务二　面塑刀的制作

一、训练目的

通过制作面塑刀，知晓工具的制作方法。

二、训练准备

1	原料	有机玻璃板
2	工具	笔、勾刀、粗砂纸、细砂纸

三、制作过程

（1）用笔在有机玻璃板上画出面塑刀的形状。
（2）用勾刀划出面塑刀的轮廓并使之分离出来。
（3）用粗砂纸将一端磨成较细的圆锥状，另一端磨成刀刃状。
（4）将磨好形状的刀用细砂纸抛光。

面塑刀的制作关键步骤如图2–3所示。

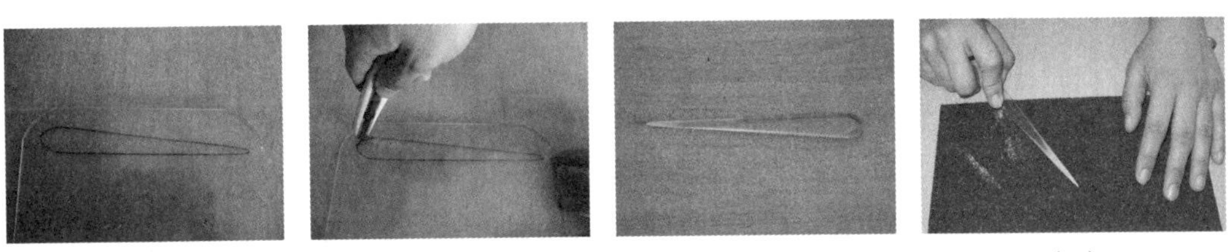

（1）　（2）　（3）　（4）

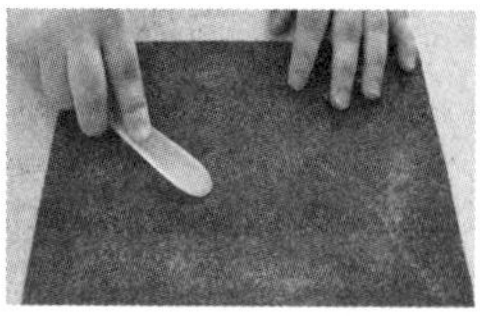
（5）

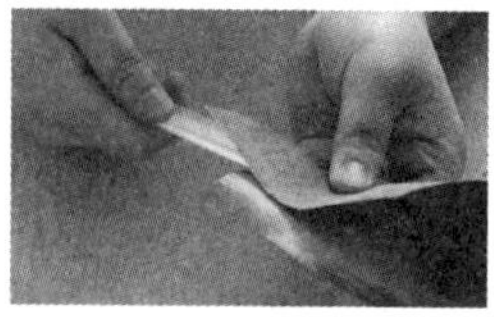
（6）

（7）

图2-3　面塑刀的制作关键步骤

注 意 事 项

1. 选择密度好的有机玻璃，厚度一般为5毫米。
2. 磨制时先用粗砂纸磨出大概形状，再用细砂纸抛光，工具光滑才好用。
3. 面塑工具材料还可选用牛角或密度较高、细腻的木板。

知 识 链 接

面塑工具

工具	介绍	用途
面塑刀	又称拨子，是面塑最主要的工具之一，根据制作者的使用习惯可分为大、小两种规格，一般大的长13厘米，小的长10厘米	下宽上尖，两边的斜面可作刀刃，用来切割面片或条状的面团，也可用来压纹理或线条；尖端可做压、挑之用。大拨子可用于切压衣服纹理和手指，以及制作嘴唇、眼睛，挑眼线、切发丝等；小拨子可用于制作更精细的细节部分，如眼角、嘴角、鼻孔等
压板	通常为长15厘米、宽10厘米、厚3毫米的有机玻璃板	主要用于将面团压制成各种形状，如花瓣、衣服片等
滚子	一根圆棒，一端尖细，另一端略微收细一些，但两端的头不是尖的，而是圆滑光润的	主要用于在制作面塑时压出眼窝、袖口，以及人、动物的肌肉等
压纹尺刀	形似尺子，一侧呈刀刃状	主要用于压制面塑人物的衣服，如衣带，还可用于切割
竹签	尖部细滑	小型面塑作品（棒上面塑）一般是借助竹签做骨架制作而成

续表

工具	介绍	用途
有机玻璃棒	直径1～2厘米，长约30厘米，圆柱形	将面团擀制成薄片
半圆塑刀	也叫半圆形戳刀，亦可用粗吸管代替	主要用于刻制人物的铠甲或鱼鳞、龙鳞等
剪刀	普通手工小剪刀	制作面塑人物时剪出手指、脚趾等
梳子	普通梳子，一面梳子刺儿稀（大刺儿），一面梳子刺儿密（小刺儿）	用于制作面塑人物佩戴的项链或编织物的花纹等，小刺儿可用来制作项链，大刺儿可用来制作佛珠、铠甲等
毛笔	小白云等	用于在面塑作品上绘画、写字、上色等
镊子	选用头较尖的镊子	用于制作人物胡子、铠甲等细小部位
锥子	—	主要用于在底座上打孔
乳白胶	—	用于黏结面塑作品各部位
防黏油	擦手油、医用凡士林、溶化石蜡等均可	制作面塑作品时有的制作者手热，面团容易黏手，可在手上抹些防黏油
尖嘴钳	小型的尖嘴钳	用于整齐地钳断竹签、铁丝或将铁丝弯制成各种形状
金属丝	易于折弯、结实的铁丝或钢丝	用于制作面塑作品的骨架
美工刀	大小皆可	用来切割一些面塑材料

项目测试

判断题

1. 用于制作面塑面团的材料是糯米粉。（　　）
2. 面塑面团和颜料的比例应为1∶1。（　　）
3. 面团调色颜料要一次加足。（　　）
4. 人物皮肤颜色调制应为白＋红＋黄。（　　）
5. 色彩搭配中互补色搭配占比应为1∶1。（　　）
6. 人物的基本肤色面团是用70%的本色面团+27%的白色面团+3%的红色面团揉和成的。（　　）

项目三　一般动植物

学习目标

- 了解花卉及各种果蔬的基本形态特征，知晓其使用范围
- 掌握花卉、果蔬的面塑制作技法
- 学习与制作常见品种，激发学生对周围常见事物的自主学习兴趣

看 PPT　　看电子书

任务一　多肉植物

一、训练目的

（1）通过制作多肉植物面塑，练习面塑技法，熟悉植物面塑制作过程。

（2）了解多肉植物面塑，知晓其使用范围。

二、训练准备

1	原料	深绿色和浅绿色面团等
2	工具	面塑刀、竹签等

三、制作过程

（1）将深绿色面团搓成条、压成薄片，包裹在竹签上，再取一块棕色面团，用面塑刀塑制出多肉植物的茎干。

（2）将浅绿色面团揉搓成数个大小不一的球形面团。

（3）将球形面团分别揉搓成水滴状。

（4）将水滴状面团塑制成叶状并上好色。

（5）在做好的每个叶状面团底部插上处理好的竹签。

（6）将几个最小的叶插到茎干顶部，依次由小至大错开，把所有叶都插到茎干上。

（7）将制作好的两枝不同姿态的多肉植物组合插到小花盆中。

多肉植物面塑作品制作关键步骤如图3-1（彩图1）所示。

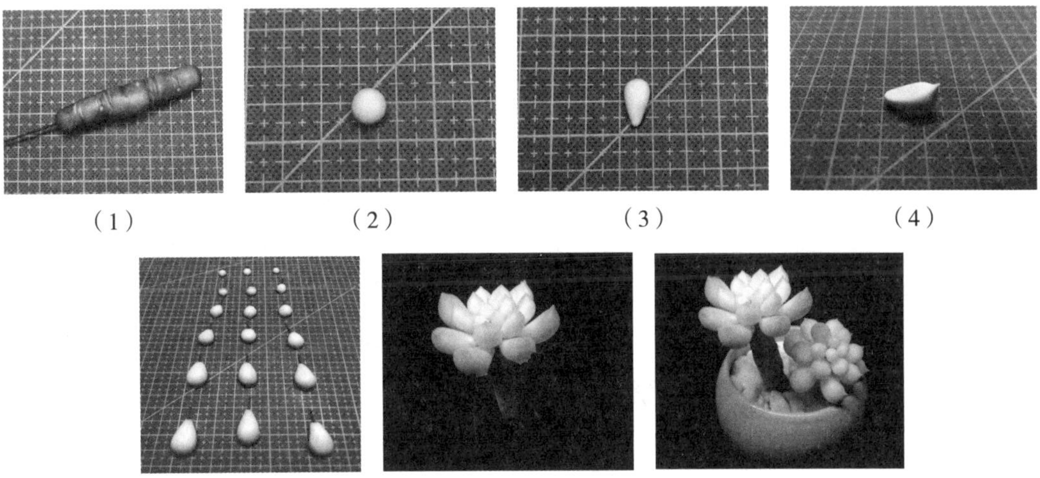

（1）（2）（3）（4）（5）（6）（7）

图3-1　多肉植物面塑作品制作关键步骤

注意事项

1. 制作多肉植物面塑作品时，要将几种绿色面团调和得色调鲜明。
2. 叶瓣层次、大小、比例适合，每层叶瓣都应错落有致。
3. 组合在一起的多肉植物形态细节要有所变化。

知识链接

图3-2　多肉植物

多肉植物（图3-2）之所以得其名，就是因为它的茎叶高度肉质化，这让它看起来和其他植物很不一样。肉质化的部位往往粗壮饱满，里面蕴含大量的水和养分，颜色多为绿色。很多科属中都有多肉植物的存在，如景天科、龙舌兰科、大戟科、番杏科等。据统计，全世界多肉植物有1万多种，它们造型千姿百态，但都具有肉质化的部位，养护方式也大同小异。而且，多肉植物的名字一般都很好听。

任务二　郁金香

一、训练目的

通过制作郁金香面塑作品，熟练掌握搓、捏、黏、压等面塑技法，掌握花卉制作步骤。

二、训练准备

1	原料	粉色面团、绿色面团等
2	工具	面塑刀、铁丝、压板等

三、制作过程

（1）将一小块粉色面团包裹在铁丝一头，作花蕊。

（2）另取部分粉色面团，揉搓成多个长条形面团。

（3）将揉搓好的长条形面团压制成薄片，呈花瓣状。

（4）将制作好的花瓣逐层包裹在花蕊上。

（5）将绿色面团揉搓成细条形，然后压成薄片，制成叶片。

（6）将叶片组装在用铁丝等制成的花茎上，与花朵搭配在一起。

（7）依照上述步骤制作出几朵郁金香，组合在一起效果更佳。

郁金香面塑作品制作关键步骤如图3–3（彩图2）所示。

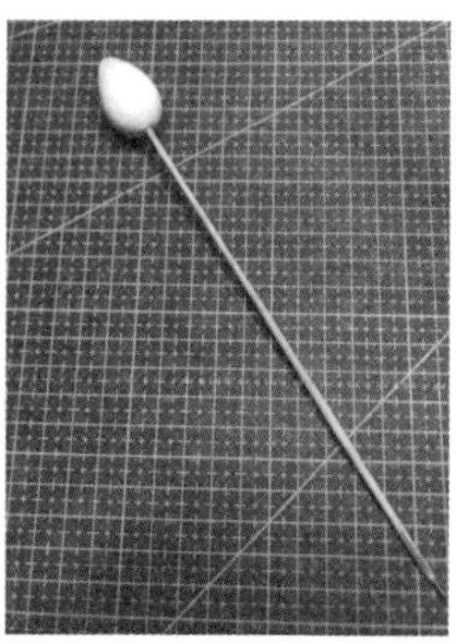

（1）

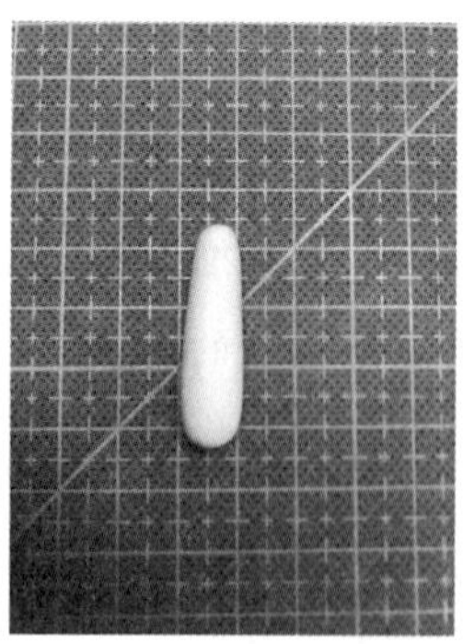

（2）

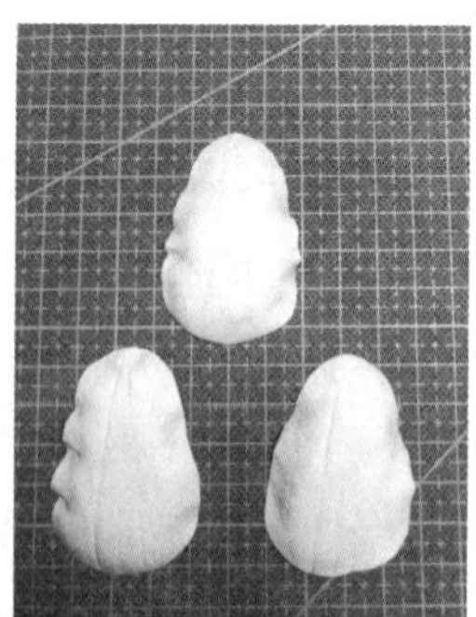

（3）

（4）

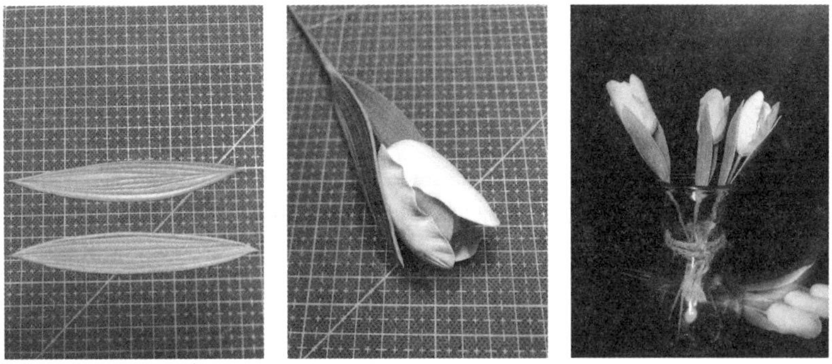

（5）　　（6）　　（7）

图3–3　郁金香面塑作品制作关键步骤

注意事项

1. 只有掌握郁金香花朵的特点，制作出的面塑作品才能更形象。

2. 制作花瓣时捏、翻、卷技法应娴熟，每片花瓣应大体相同但细节不同，这样组合成一朵花后效果才能更自然。

3. 制作叶片时薄度要掌握好，叶脉清晰、纹路凸出才更有质感。

知识链接

郁金香（图3–4）为百合科，属多年生球根草本植物，别名洋荷花、旱荷花、草麝香等。其以典雅高贵的形态、丰富艳丽的色彩，被人尊为“花中皇后”。郁金香花色繁多，亭亭玉立，花梗一般高15～55厘米，直立，杯状。花瓣一般为6片，卵圆形，离生。雄蕊离生，花药长0.7～1.3厘米，基部着生，花丝基部宽阔；雌蕊长1.7～2.5厘米，花柱3裂，反卷。花色为红、橙、黄、白、紫等各种单色或复色，并有条纹和重瓣品种。蒴果3室，室背开裂，种子多数。种子为扁平的半圆形或三角状卵形。鳞茎呈扁圆锥形，外被棕褐色皮膜，肉质鳞片白色。基生叶2～3片，较宽大，长椭圆状披针形至阔卵形，长10～21厘米；上部叶1～2片在花梗上，叶小，长披针形。叶片全缘，波状，光滑。

图3–4　郁金香

任务三　荷花

一、训练目的

通过制作荷花面塑作品，熟悉花卉制作过程，并掌握面塑花卉相关制作技法，为以后制作其他花卉面塑作品打好基础。

二、训练准备

1	原料	粉色面团、绿色面团、黄色面团等
2	工具	面塑刀、压板、滚子、细铁丝等

三、制作过程

（1）将部分绿色面团搓成细条、压成薄片后包在细铁丝上，制成花枝。

（2）另取部分黄绿色面团，先塑成锥形，再塑制成莲蓬状。

（3）将橙色面团搓成条、压成薄片，用面塑刀切出连着的丝状花蕊，粘在制成的莲蓬上。

（4）将粉色面团分为多个小面团，分别塑成水滴状，压成薄片，制成花瓣状。

（5）将花瓣粘在莲蓬上，每层5～6瓣，可粘2～3层，制成花朵状。

（6）将绿色面团压成椭圆形薄片，用面塑刀压出叶脉，制成花叶状。

（7）将制作好的数个花朵和叶子粘在花枝上。

（8）将制作好的花和叶子错落有致地插在浅盆中，作品即完成。

荷花面塑作品制作关键步骤如图3–5（彩图3）所示。

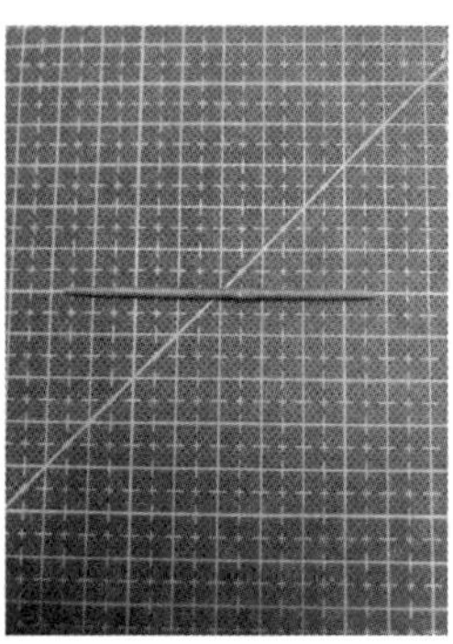

（1）

（2）

（3）

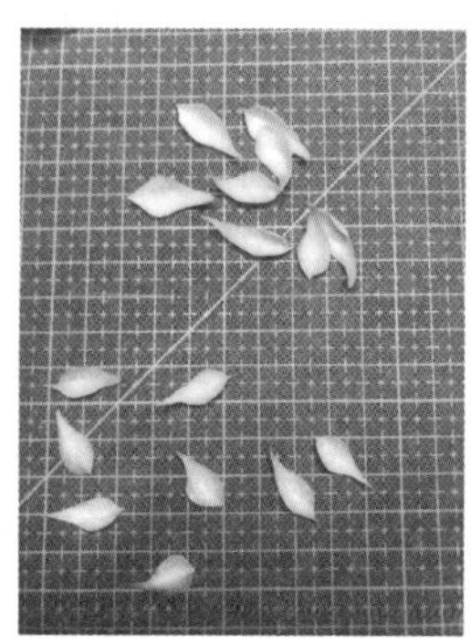

（4）

（5）

（6）

（7）

（8）

图3-5　荷花面塑作品制作关键步骤

注意事项

1. 花瓣要薄，花瓣卷得要自然，每片花瓣应大小相同、细节不同，这样组合成一朵花效果才能鲜活。

2. 粘每层花瓣时要掌握好角度，花瓣应层次分明。

3. 荷叶要薄，多个荷叶应大小不同，翻卷形态也应不同。

知识链接

荷花（图3-6）为睡莲科多年生水生草本植物莲的花，又名莲花、水芙蓉、芙蕖，现全国大部分地区都有栽培。无明显的主根，仅在地下茎节间生不定根。地下茎（藕）肥大，多节，有许多中空管道，呈长圆柱形。叶大，直径可达70厘米，开张后多呈圆盾形，全缘；叶面深绿或苗绿色，中央有圆柱形叶柄。花单生，形大，花蕾为长桃形或圆桃形，暗紫色或绿色。花有单瓣、复瓣、重瓣之分，花色有深红、白、粉红、淡绿及复色。花多晨开午闭，单朵花期3～4天，花期6～9月。果实俗称莲子，花托杯形或伞形，与果实合称“莲蓬”，内有莲子10枚左右，坚果。荷花大而艳丽，并有清香，观赏价值较高。

图3-6　荷花

任务四　玫瑰花

一、训练目的

通过制作面塑作品玫瑰花，熟悉面塑花卉的制作过程及玫瑰花的特征。

二、训练准备

1	原料	红色面团、绿色面团、原色面团等
2	工具	面塑刀、细铁丝等

三、制作过程

（1）将绿色面团压成长薄片，包在细铁丝上，用原色面团在铁丝顶端做成花蕊状。

（2）将从小至大多个尺寸的小块红色面团搓成长锥形。

（3）将多个尺寸的长锥形面团用手指碾压成薄花瓣状。

（4）取最小一片花瓣，包在水滴状的花蕊上。

（5）将花瓣依次从小到大分别包在花蕊上，形成一朵玫瑰花。

（6）取绿色面团做成多个小花萼。

（7）将花萼贴在花朵下面合适的位置上。

（8）用绿色面团做成大小不等的水滴状，压成薄片，然后做成边缘带刺的叶子。

（9）将做好的叶子翻过来，用面塑刀塑出叶脉。

（10）将制作好的叶子粘在花枝上。

玫瑰花面塑作品制作关键步骤如图3–7（彩图4）所示。

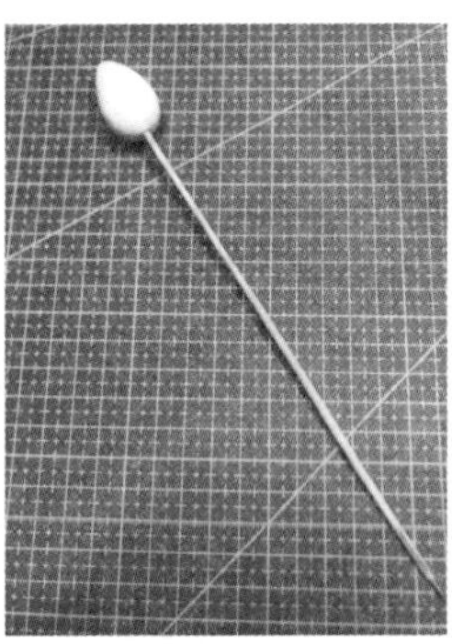

（1）

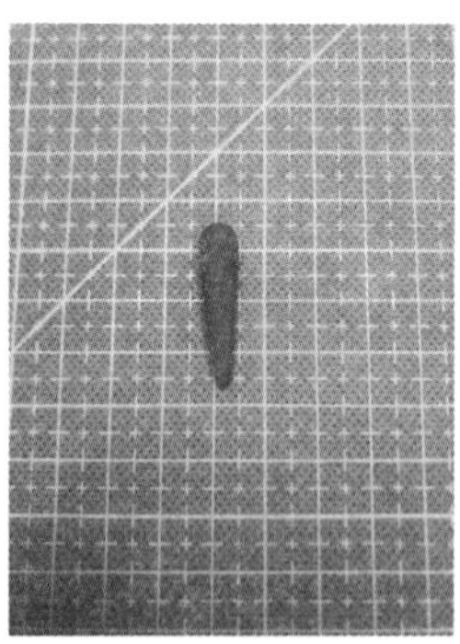

（2）

（3）

（4）

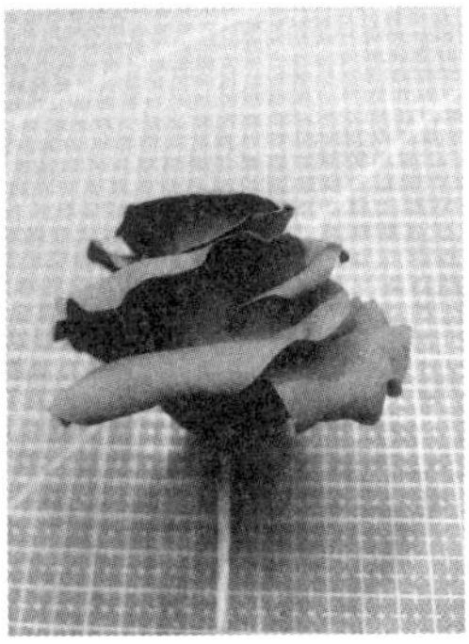

（5）

（6）

（7）

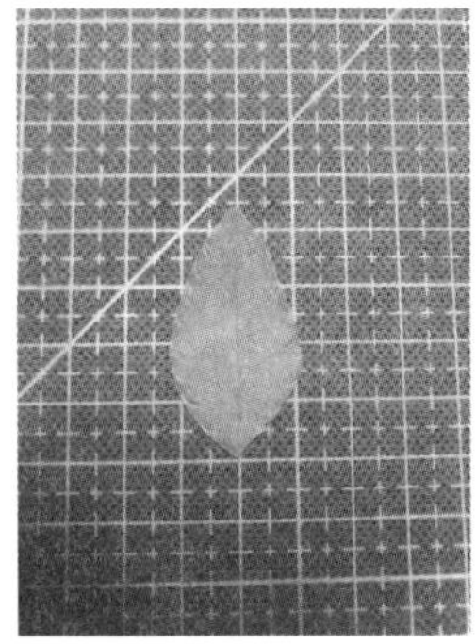

（8）

（9）

（10）

图3–7　玫瑰花面塑作品制作关键步骤

注意事项

1. 捏花瓣时要从小到大、有变化，花瓣要压得很薄。

2. 粘花瓣时层次要分开，每瓣压到上一瓣的1/2处，进行包裹，每包上一片花瓣，要将花瓣边缘适当外翻，花朵整体要自然、饱满。

3. 玫瑰花粘叶子时要大小错落有致，以衬托出枝繁叶茂的感觉。

知识链接

落叶直立丛生灌木，茎枝灰褐色，密生刚毛与倒刺，羽状复叶，小叶5～9片，椭圆形或椭圆状倒卵形，有钝锯齿，质厚，有皱纹，上面亮绿色，下面灰绿色，被柔毛或刺毛，叶柄及叶轴疏生小皮刺及腺毛。托叶大部与叶柄连合，具细锯齿。花单生或3～6朵集生，花直径6～8厘米，花芳香，密被茸毛及刺毛，花瓣紫红色或白色，单瓣或重瓣。玫瑰花（图3–8）是爱情的象征。

图3–8 玫瑰花

任务五 康乃馨

一、训练目的

通过制作康乃馨面塑作品，熟悉面塑花卉的制作过程，掌握相应的面塑技法及康乃馨的特征，为以后制作面塑花卉打好基础。

二、训练准备

1	原料	粉色面团、绿色面团、原色面团等
2	工具	面塑刀、细铁丝、压板等

三、制作过程

（1）将绿色面团压成长薄片，包在细铁丝上，制成花枝，顶端用原色面团塑成花蕊。

（2）将粉色面团揉成圆球状并压成薄圆片，圆片边缘切出细齿。

（3）将圆片折叠，制成多个花瓣。

（4）将数个花瓣粘在花枝上，制成花朵。

（5）取部分绿色面团，捏成水滴状，用面塑刀切出五等分裂口。

（6）将五等分裂口分别压成薄片，制成花萼。

（7）取部分绿色面团，塑成数个小水滴状，压成薄片，制成叶。

（8）将制好的花萼、花叶粘在花枝上。

（9）将制作好的数朵花插入花瓶，形成一个完美作品。

康乃馨面塑作品制作关键步骤如图3–9（彩图5）所示。

图3–9　康乃馨面塑作品制作关键步骤

注意事项

1. 制作康乃馨面塑作品时，花瓣要压制得薄，以产生花瓣的质感。

2. 每片花瓣折叠要自然，粘花瓣时要有层次，整朵花制作完成后再用面塑刀刀尖适当整理，使花朵逼真、形状饱满。

知识链接

康乃馨（图3-10），常绿亚灌木，常作多年生宿根花卉栽培。一般分为花坛康乃馨与花店康乃馨两类；茎丛生，质坚硬，灰绿色，节膨大，高度约50厘米。叶厚线形，对生。茎叶与中国石竹相似而较粗壮，被有白粉。花大，具芳香，单生，2～3朵簇生或成聚伞花序；萼下有菱状卵形小苞片4枚，先端短尖，长约为萼筒的1/4；萼筒绿色，五裂；花瓣不规则，边缘有齿，单瓣或重瓣，有红色、粉色、黄色、白色等色。

图3-10　康乃馨

任务六　牡丹花

一、训练目的

通过制作牡丹花面塑作品，练习花卉制作所需的面塑技法，熟悉牡丹花特征，为制作其他类似作品打好基础。

二、训练准备

1	原料	黄绿色面团、粉色面团、绿色面团等
2	工具	面塑刀、压板、细铁丝等

三、制作过程

（1）将一小块黄绿色面团揉搓后包在细铁丝的一头，取部分绿色面团压成长薄片，包在细铁丝上。

（2）将多个揉搓、塑制好的花蕊插在黄绿色面团上。

（3）将粉色面团揉搓成大小不同的多组水滴状，压成薄片，塑制成花瓣。

（4）将制作好的花瓣从小到大层层包裹在花蕊上，制成牡丹花状。

（5）取部分绿色面团，揉搓塑制成多片花萼，粘在花朵下面。

（6）将剩余的绿色面团揉搓塑制成叶子。

（7）取部分粉色面团，按照上述制作步骤塑制一朵半开的牡丹花。

（8）再塑制一只蝴蝶。

（9）将塑制好的花朵、叶片、蝴蝶组合在一起。

牡丹花面塑作品制作关键步骤如图3–11（彩图6）所示。

图3–11　牡丹花面塑作品制作关键步骤

知识链接

牡丹花（图3-12），原产于中国西部秦岭和大巴山一带，多年生落叶小灌木，生长缓慢，株型小。牡丹是我国特有的木本名贵花卉，是我国的国花，有数千年的自然生长和两千多年的人工栽培历史。牡丹素有“国色天香”“花中之王”的美称。牡丹根系肉质强大，少分枝和须根。株高1～3米，老茎灰褐色，当年生枝黄褐色。二回三出羽状复叶，互生。花单生茎顶，花茎长10～30厘米，花色有白色、黄色、粉色、红色、紫色及复色，有单瓣、复瓣、重瓣等花型。

图3-12　牡丹花

任务七　向日葵

一、训练目的

通过制作向日葵面塑作品，练习花卉制作所需的面塑技法，熟悉向日葵的特征，为制作其他类似作品打好基础。

二、训练准备

1	原料	黄色面团、棕色面团、绿色面团等
2	工具	面塑刀、压板、细铁丝等

三、制作过程

（1）取一小块棕色面团，包裹在细铁丝一头，塑制成向日葵花盘的大致形状。

（2）在向日葵花盘正面用面塑刀塑制出花盘的纹路。

（3）用黄色面团塑制数个向日葵花瓣，每个花瓣均插上细铁丝。

（4）将塑制好的黄色花瓣插在花盘四周。

（5）取部分绿色面团，塑制出数个花萼。

（6）另取一小块绿色面团，揉搓、塑制成花茎。

（7）将塑制好的花萼、花茎、花朵组合在一起。

（8）用剩余绿色面团揉搓、塑制出向日葵花叶。

（9）将塑制好的花叶粘在花朵下即可。

向日葵面塑作品制作关键步骤如图3–13（彩图7）所示。

图3–13　向日葵面塑作品制作关键步骤

注意事项

1. 熟悉向日葵的特征，花盘塑制纹路要明晰。
2. 花叶要压薄，叶脉要纹路清晰，花叶要翻卷自然。
3. 组装花叶时要错落有致、层次分明，花朵整体应大气美观。

知识链接

向日葵（图3–14）是菊科向日葵属植物。一年生草本植物，高1～3.5米，茎直立，圆形，多棱角，质硬，被白色粗硬毛。广卵形的叶片通常互生，边缘具粗锯齿，两面粗糙，被毛，有长柄。头状花序，直径10～30厘米，单生于茎顶或枝端。总苞片多层，叶质，覆瓦状排列，被长硬毛，夏季开花，花序边缘生中性的黄色舌状花，不结实，花序中部为两性管状花，棕色或紫色，能结实，果皮木质化，灰色或黑色，称葵花籽。

图3–14　向日葵

任务八　多种水果（橘子）

一、训练目的

通过制作多种水果（橘子）面塑作品，练习揉、压、搓等多种面塑技法，了解制作小型面塑作品的整个过程，为以后制作更多面塑作品打好基础。

二、训练准备

1	原料	橘色面团、白色面团、黄色面团等
2	工具	面塑刀、压板、细铁丝等

三、制作过程

（1）将一小块黄色面团，揉搓成扁球形，用面塑刀塑制成橘子瓣状。

（2）取一小块橘色面团，压成薄圆片，上面再放上用小块白色面团压成的薄圆片，制成橘皮。

（3）将圆形橘皮塑制成有裂口的橘皮。

（4）将橘色面团揉搓塑制成整个橘子形状。

（5）用制作好的橘皮包上橘瓣，与做好的整个橘子组合在一起。

（6）依照橘子制作步骤，塑制出其他几种水果。

（7）将塑制好的几种水果组合摆放在果盘中。

多种水果（橘子）面塑作品制作关键步骤如图3–15（彩图8）所示。

（1）

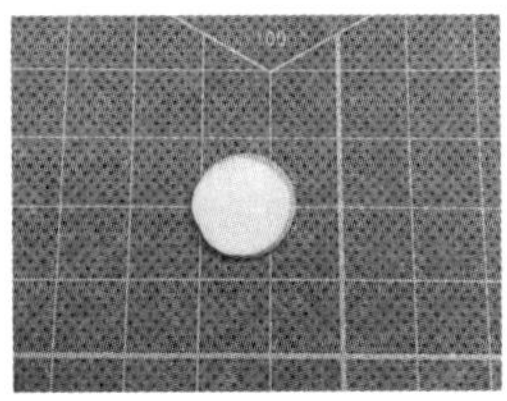

（2）

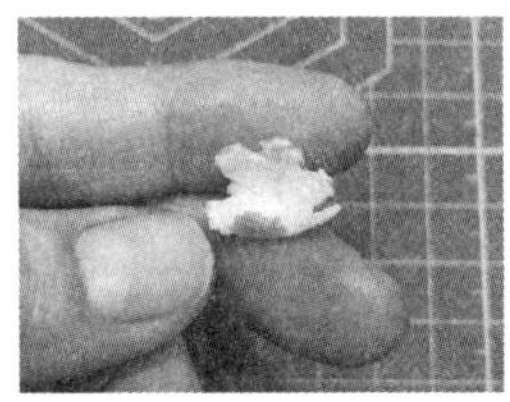

（3）

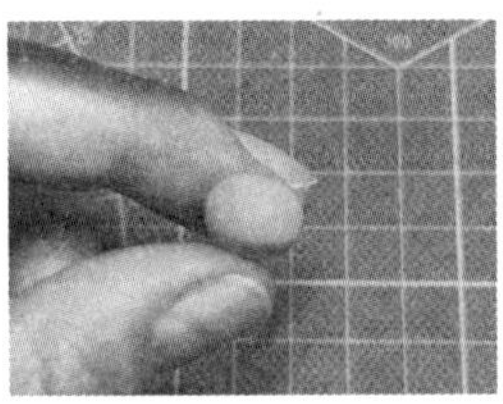

（4）

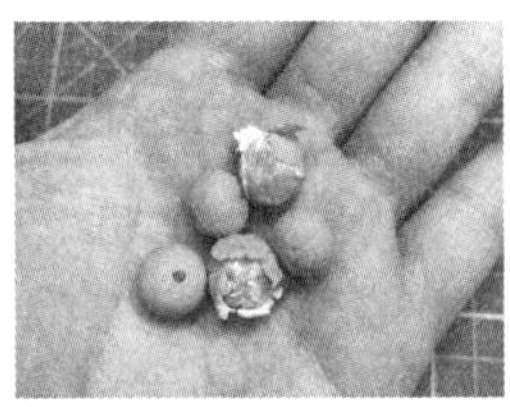

（5）

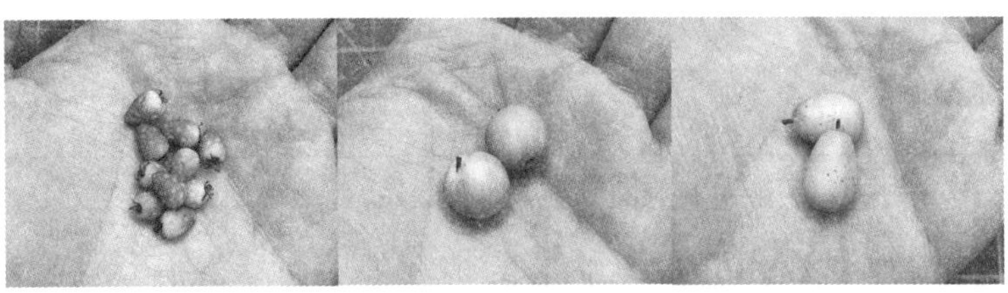

（6）

（7）

图3–15　多种水果（橘子）面塑作品制作关键步骤

注意事项

1. 要掌握好水果的形态特征，这样塑制出的作品形状才能更自然、形象。

2. 塑制水果时，应用面塑的晕色技法和上色技法，可使作品更加形象、逼真。

知识链接

橘子果形多种，扁圆形至近圆球形，果皮或薄而光滑，或厚而粗糙，淡黄色、朱红色或深红色，甚易或稍易剥离，橘络甚多或较少，呈网状。

多种水果面塑作品参考图形见图3-16。

图3-16　多种水果

任务九　多种蔬菜（白菜）

一、训练目的

通过制作多种蔬菜（白菜）面塑作品，练习面塑相关技法，熟悉蔬菜面塑作品制作过程。

二、训练准备

1	原料	白色面团等多色面团、颜料等
2	工具	面塑刀、压板、毛笔等

三、制作过程

（1）取一小块白色面团，揉搓塑制成白菜大体形状。

（2）另取小块白色面团，塑制成白菜叶形状，再压制成薄片。

（3）将上一步骤的薄片碾压塑制成白菜帮叶。

（4）将塑制好的多个白菜帮叶包裹在白菜大体形状的面团上，塑制成整棵白菜。

（5）对塑制好的白菜进行上色，使其更加逼真。

（6）参照白菜面塑作品的制作步骤，塑制出其他蔬菜。

（7）将塑制好的多个蔬菜作品组合在一起。

多种蔬菜（白菜）面塑作品制作关键步骤如图3-17（彩图9）所示。

图3-17　多种蔬菜（白菜）面塑作品制作关键步骤

注意事项

1. 熟悉每种蔬菜的特征，塑制时注意每种蔬菜的细节处理。
2. 塑制各种蔬菜作品时要掌握好大小比例。
3. 掌握晕色技法和上色技法的应用，以使作品更加逼真。

知识链接

白菜包括结球及不结球两大类。结球白菜又叫大白菜，叶浅绿色，有皱，叶球抱合紧密。不结球白菜又称中国芥菜、小白菜，叶光泽，深绿色，叶柄厚，白色，脆，不形成叶球，有黄色的菜心。

多种蔬菜面塑作品参考图形见图3–18。

图3–18　多种蔬菜

任务十　斗鱼

一、训练目的

通过制作斗鱼面塑作品，熟悉鱼类作品的制作过程并掌握面塑基本技法，为以后制作鱼类作品打好基础。

二、训练准备

1	原料	银白色面团、灰白色面团、白色面团、颜料等
2	工具	面塑刀、细铁丝、毛笔、压板等

三、制作过程

（1）取部分银白色面团，揉搓塑制出鱼身。

（2）用面塑刀在塑制好的鱼身上塑制出鱼鳃、鱼嘴、鱼眼窝、鱼鳞。

（3）另取一部分银白色面团，揉搓压成薄片，塑制出胸鳍、腹鳍、背鳍、尾鳍。

（4）将制作好的鱼鳍粘在鱼身上。

（5）取灰白色面团、白色面团、细铁丝等，揉搓塑制出水母、其他水底生物及礁石。

（6）将塑制好的斗鱼与水母等组合在一起，用毛笔和颜料画出鱼眼睛，并对其他部分上色。

斗鱼面塑作品制作关键步骤如图3–19（彩图10）所示。

（1）

（2）

（3）

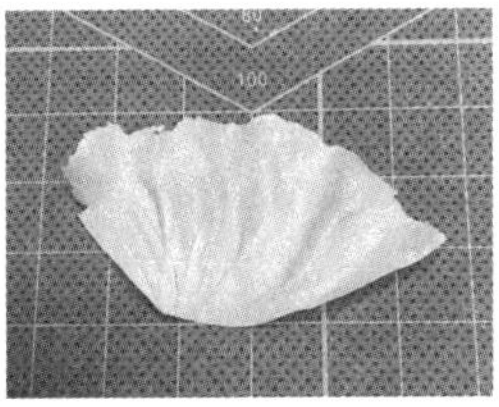

（4）

（5）

（6）

（7）

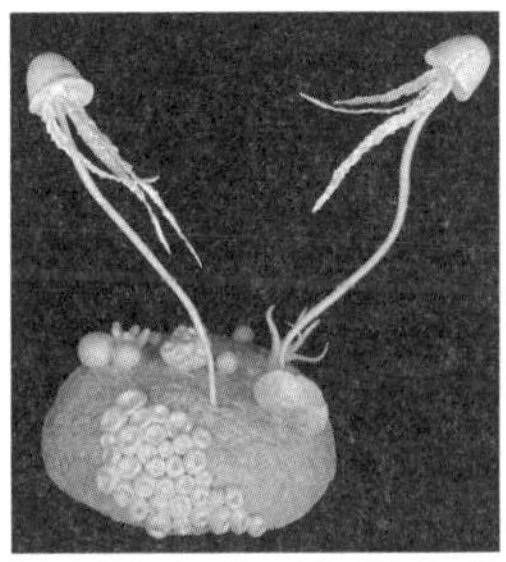

（8）

（9）

图3-19　斗鱼面塑作品制作关键步骤

注意事项

1. 制作鱼鳍时，应掌握好各部位鱼鳍的大小比例。
2. 鱼鳍应尽量薄，纹路清晰，边缘自然、翻卷飘逸。

知识链接

斗鱼（图3-20），外形艳丽夸张，单色系中主要分为红、蓝、黄、白、黑5种体色，身长5～6厘米，特殊个体可达10厘米，各部位鱼鳍较大。斗鱼以好斗闻名，两雄相遇必有争斗，相斗时鳃盖和鱼鳍张大，互相冲击挑衅，会用嘴互相撕咬。

图3-20　斗鱼

任务十一　彩条小鸟

一、训练目的

通过制作彩条小鸟面塑作品，熟悉鸟类作品的制作过程并掌握彩条面塑技法，为以后制作鸟类作品打好基础。

二、训练准备

1	原料	白色面团、红色面团、黄色面团、绿色面团、蓝色面团、黑色面团等
2	工具	面塑刀等

三、制作过程

（1）将多色面团分别团揉光滑。

（2）取部分黄色面团做出小鸟的雏形。

（3）取白色、黑色面团做出眼睛，粘到小鸟头上。

（4）另取部分黄色面团揉成两个小水滴状。

（5）将两个小水滴状面团粘到鸟头相应部位，做出鸟嘴。

（6）取部分红色、黄色、蓝色、白色面团，分别搓成细条。

（7）将上述四色细条面团堆在一起，顺一个方向搓成条。

（8）将搓成的彩条对折成翅膀，粘到小鸟身体上。

（9）取部分绿色、白色、黄色、黑色面团，分别搓成细条。

（10）将上述四色细条面团堆在一起，搓成彩条。

（11）将搓好的彩条对折在一起，做成小鸟尾巴。

（12）将小鸟身体和小鸟尾巴组合在一起。

彩条小鸟面塑作品制作关键步骤如图3–21（彩图11）所示。

（1）

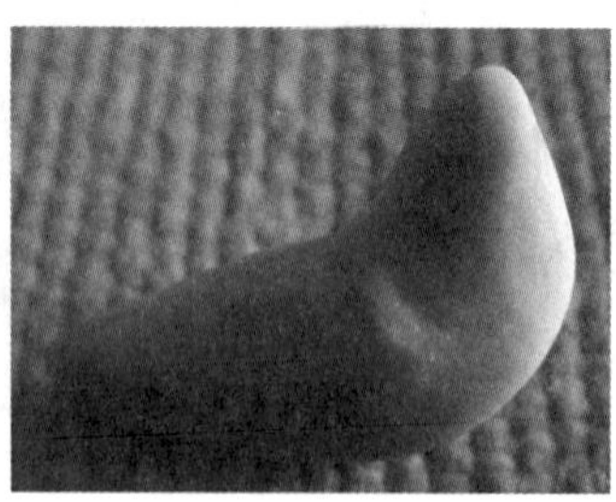

（2）

（3）

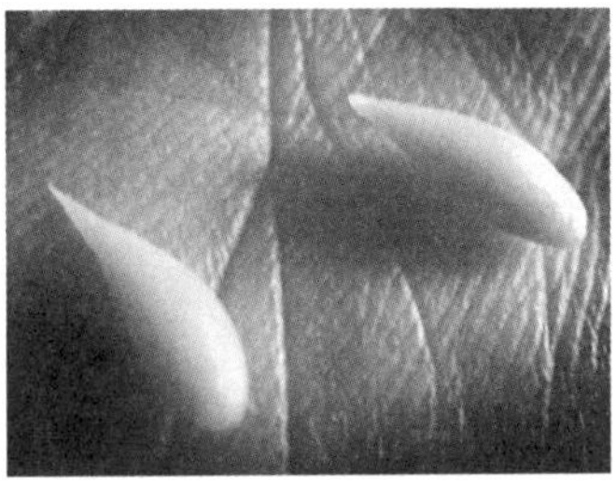

（4）

（5）

（6）

（7）

（8）

（9）

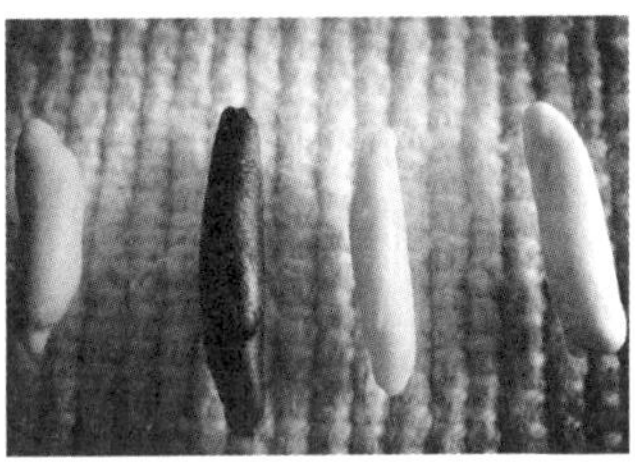

（10）

（11）

（12）

（13）

图3–21 彩条小鸟面塑作品制作关键步骤

注 意 事 项

1.搓彩条是面塑作品的典型制作技法，各颜色面团摆放好后要顺一个方向搓，手掌两侧用力，才能搓出两边细中间粗的彩条。

2.制作时要注意色彩搭配、小鸟翅膀与身体的比例。

知识链接

图3-22　鸟

鸟（图3-22）身体分为头、颈、躯干、尾和四肢5部分。头部小而圆，先端具啄食的喙，头两侧有一圆而大的眼，具眼睑和能活动的瞬膜，有保护眼球的作用。眼后有耳孔，其外周具耳羽，能收集声波。颈长而灵活，躯干纺锤形，具流线型的外廓，可减少飞行时的阻力，增加飞行速度。尾部末端着生扇形尾羽，飞翔时起舵的作用。前肢特化成翼，翼上着生飞羽，是飞翔器官。后肢为足，足下部覆有鳞片或羽毛。足通常具四趾（第五趾退化），趾端有爪。一般是三趾向前，拇趾向后，但也有退化成三趾或二趾的，如鸵鸟只具二趾。

任务十二　彩条孔雀

一、训练目的

通过制作彩条孔雀面塑作品，熟悉鸟类作品的制作过程，练习相关面塑技法，为以后制作鸟类作品打好基础。

二、训练准备

1	原料	黄色面团、白色面团、蓝色面团、黑色面团、绿色面团、红色面团等
2	工具	面塑刀、压板等

三、制作过程

（1）将面团分别揉软。

（2）取一块蓝色面团，做出孔雀身体。

（3）用黑色、白色、黄色面团分别做出眼睛、嘴，粘到孔雀头上。

（4）取部分红色、黄色、绿色面团，搓成小彩条，做成冠羽，粘到孔雀头上。

（5）取部分红色、白色、黄色等面团，搓成彩条，做成翅膀，粘到孔雀身体上。

（6）取部分蓝色面团，搓成多个稍大的细长水滴状。

（7）取部分红色、黄色面团，分别揉成小水滴状。

（8）将蓝色、黄色、红色水滴状面团依次摆好，压成薄片，做孔雀的翎。

（9）用面塑刀将压成薄片的羽毛压出纹理。

（10）依上述方法做出若干孔雀的翎。

（11）将孔雀身体摆放到盘内，取一块蓝色面团，做出尾巴大体形状，摆在孔雀身体后面。

（12）将制作好的翎错落有致地粘在尾部。

（13）将翎全部粘好，再适当调整身体部位，使整体更加协调。

彩条孔雀面塑作品制作关键步骤如图3-23（彩图12）所示。

（1）

（2）

（3）

（4）

（5）

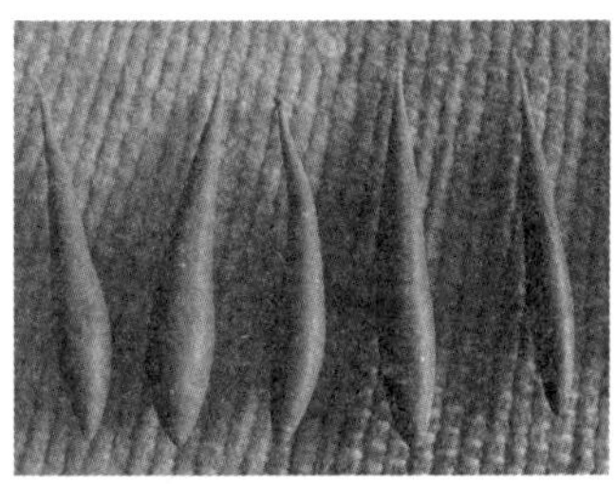
（6）

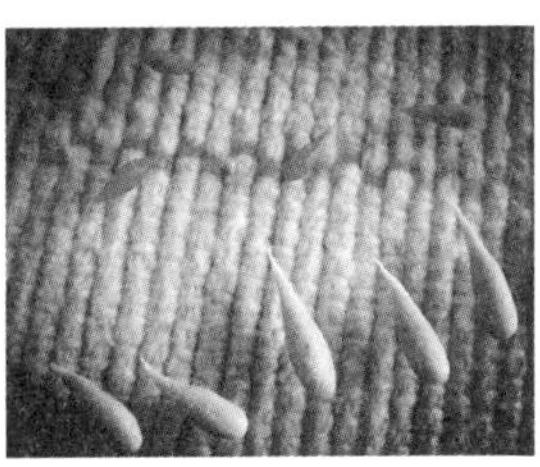
（7）

（8）

（9）

（10）

（11）

（12）

（13）

图3-23　彩条孔雀面塑作品制作关键步骤

注意事项

制作时要注意色彩搭配，并注意面塑作品各部位的比例大小。

知识链接

孔雀（图3-24），古称孔爵、孔鸟，是世界上价值极高的珍禽之一。绿孔雀的雄鸟体长约2.3米。羽色极为华丽，有翠绿、亮绿、青蓝、紫褐色，多带有金属光泽。头顶上长着一簇直立的冠羽（扇形），长约11厘米。尾上覆羽延长成尾屏，上有五色金翠线纹，散布着许多近圆形的眼状斑。眼状斑从内向外由紫、蓝、绿等颜色组成，开屏时特别艳丽。雌鸟无尾屏，羽毛颜色也不鲜艳。

图3-24　孔雀

项目测试

一、判断题

1. 制作玫瑰花瓣时需先将红色面团搓成长水滴状。（　　）
2. 多片花瓣从大到小依次包在花蕊上，形成一朵玫瑰花。（　　）
3. 制作康乃馨时，花瓣宜压制得较厚，以有花瓣的质感。（　　）
4. 制作水果、蔬菜时，不需要使用面塑的晕色技法和上色技法，平涂即可。（　　）
5. 制作鱼鳍时应尽量薄，纹路清晰，边缘自然、翻卷飘逸。（　　）
6. 搓彩条是面塑作品的典型制作技法，各颜色面团摆放好后要顺一个方向搓，手掌两侧用力，这样才能搓出两边细中间粗的彩条。（　　）

二、填空题

1. 制作斗鱼时，用面塑刀在塑制好的鱼身上塑制出鱼鳃、鱼嘴、鱼眼窝、鱼鳞后，再取银白色面团，揉搓压成薄片，分别塑制出________、腹鳍、________、尾鳍。
2. 面塑以________、糯米粉为主料，以防干裂、防变质等的添加剂为辅料，先和制、蒸制成可塑性面团，再调成不同色彩，用手和一些专用工具，塑制成各种栩栩如生的形象。

项目四　十二生肖

学习目标

- 了解更多的面塑制作品类，知道生肖动物的形态特征
- 熟练掌握生肖动物的面塑制作方法
- 通过了解面塑知识，激发学生对传统文化的热爱

看PPT　　看电子书

任务一　生肖鼠

一、训练目的

通过制作生肖鼠面塑作品，练习卡通动物的相应制作技法，掌握相关面塑技法，熟悉制作过程，为以后制作类似作品打下基础。此处以可爱的米老鼠为制作对象。

二、训练准备

1	原料	皮肤色面团、黄色面团、黑色面团、橙色面团、红色面团、白色面团、蓝色面团、绿色面团等
2	工具	面塑刀、竹签等

三、制作过程

（1）取部分皮肤色面团包裹在竹签上，做出头的雏形。

（2）在头的雏形上塑出鼻尖、腮帮，用面塑刀压出眼窝。

（3）接着塑出嘴的大概形状，用红色面团塑出红嘴唇并粘好，用黑色、白色面团塑出眼睛、鼻头、耳朵。

（4）用皮肤色面团塑出躯干大体形状。

（5）用红色面团和白色面团塑出裤子及裤子上的纽扣，用黑色面团塑出腿，用橙色面团塑出鞋子。

（6）另取部分黄色面团，塑出衣服，粘到身体上。

（7）用黑色面团塑出胳膊和手，粘在身体上。

（8）用蓝色、红色、绿色等面团塑出一束花，粘在手上。

生肖鼠面塑作品制作关键步骤如图4–1（彩图13）所示。

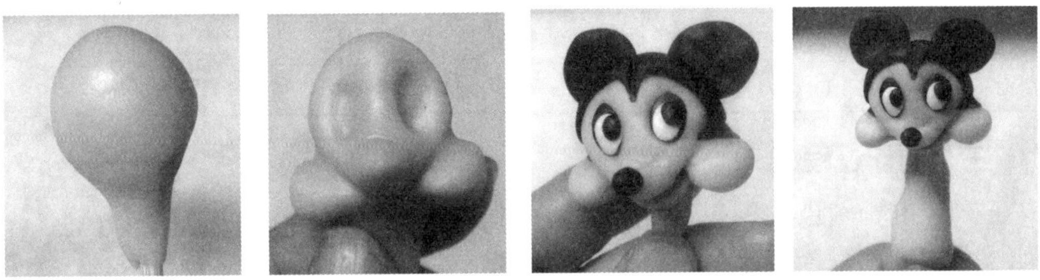

（1）　（2）　（3）　（4）

（5）　（6）　（7）　（8）

图4–1　生肖鼠面塑作品制作关键步骤

注意事项

1. 这里生肖鼠借用了米老鼠的造型，要抓住米老鼠的特征，面部表情要温和，眼睛要大一些，头部也大一些。

2. 衣服的颜色要鲜艳，整个作品应活泼可爱。

生肖鼠面塑作品参考图案见图4–2。

图4–2　生肖鼠面塑作品参考图案

任务二　生肖牛

一、训练目的

通过制作生肖牛面塑作品，掌握动物面塑相关制作技法及牛的主要特征，为以后制作类似作品打下基础。

二、训练准备

1	原料	红色面团、黄色面团、蓝色面团、黑色面团、白色面团、皮肤色面团等
2	工具	面塑刀等

三、制作过程

（1）用部分黄色、黑色、白色面团塑出牛头。

（2）用部分红色面团塑出舌头，粘到嘴里。

（3）取部分黑色面团，塑出牛角，粘到头顶上。

（4）另取部分蓝色、黑色面团，塑出帽子，粘在头顶上。

（5）用部分白色面团塑出牛的身体。

（6）取红色、蓝色、黑色、白色面团，塑出衣服、鞋子、腰带，粘在身体上。

（7）用皮肤色面团塑出手，粘在袖口处。

（8）用红色、黑色面团塑出一幅吉祥条幅，安装在手中，整理整体形态。

生肖牛面塑作品制作关键步骤如图4–3（彩图14）所示。

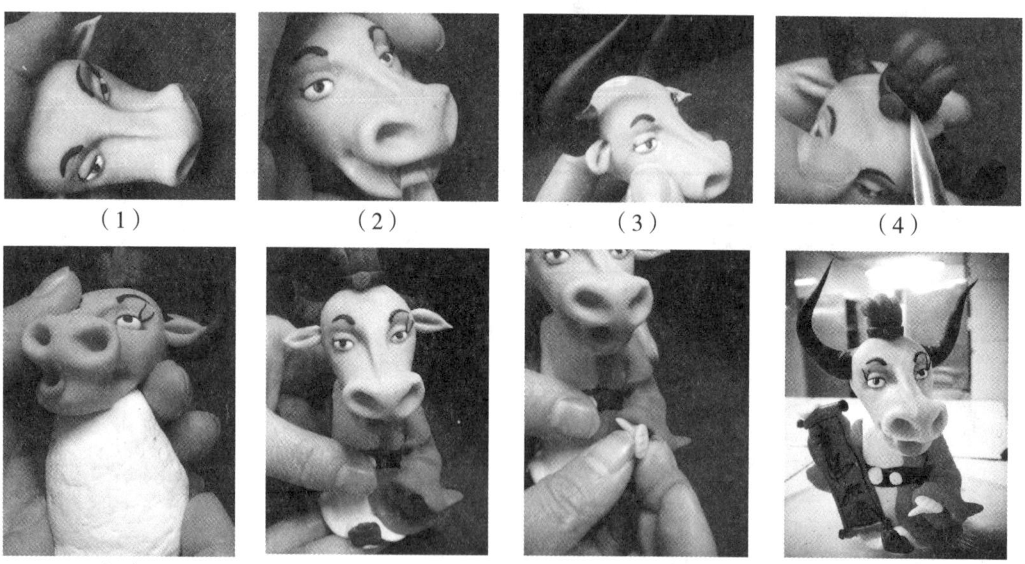

（1）（2）（3）（4）（5）（6）（7）（8）

图4–3　生肖牛面塑作品制作关键步骤

注意事项

1. 这个作品在制作中用了拟人化手法，所以很多身体结构没有按照牛的特点制作，例如，手是人手而不是牛蹄子。这点大家要注意。

2. 制作生肖牛，一定要抓住牛头的主要特征，牛头必须制作得精细、形象。

3. 制作时需考虑配色，尽量选择搭配起来明艳亮丽的色彩。

知识链接

（1）头部：头短，额宽，嘴宽广，鼻孔大，眼大，角质细，大小适中。

（2）颈部：颈短粗、多肉。

（3）身躯：肩胛宽圆、平滑，肩后无凹陷。胸宽、深，肌肉充实，前胸发达。背腰长、宽、平，肋骨开张，腹部呈圆筒形。尾根部丰满，大腿肌肉发达，腿内外侧肌肉丰满。

（4）四肢：四肢短粗而直，前后裆宽，蹄圆而结实。

（5）皮肤和被毛：皮厚，柔软而有弹性，皮下脂肪发达，被毛密而细。

生肖牛面塑作品参考图案见图4–4。

图4–4　生肖牛面塑作品参考图案

任务三　生肖虎

一、训练目的

通过制作生肖虎面塑作品，掌握老虎头部的结构和特征，同时练习相应的面塑技法。

二、训练准备

1	原料	红色面团、黄色面团、蓝色面团、橘色面团、白色面团、黑色面团等
2	工具	面塑刀、竹签、细铁丝等

三、制作过程

（1）在竹签上缠上纸，取部分红色面团，塑出头部。

（2）用白色面团塑出嘴部及鼻头，粘到头部相应位置。

（3）用黑色、白色面团分别塑出眼睛、睫毛，粘在头部相应位置。

（4）取部分红色面团，塑出耳朵，另取部分黑色面团，塑出斑纹，粘到头部。

（5）取部分黄色面团，塑出躯干和腿。

（6）取部分蓝色面团，塑出衣服，粘到身体上。

（7）用黄色面团塑出胳膊，粘到躯干上。

（8）用橘色面团塑出滑雪板，粘在脚下，两手中安装上竹签，作为滑雪杖。

生肖虎面塑作品制作关键步骤如图4-5（彩图15）所示。

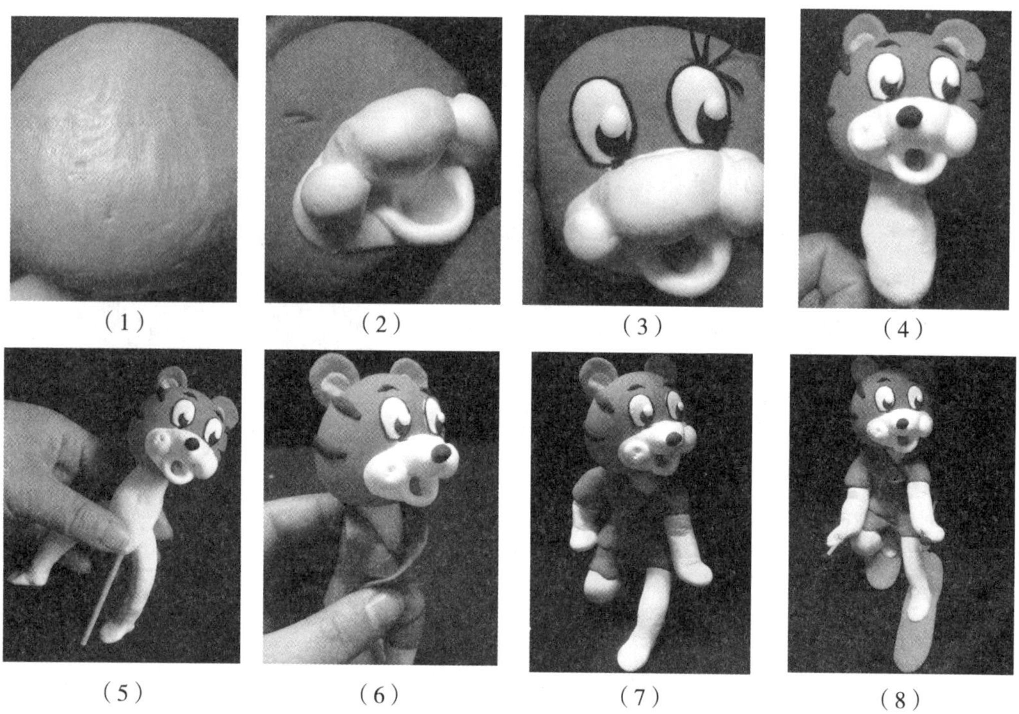

图4-5　生肖虎面塑作品制作关键步骤

注意事项

1.制作生肖虎面塑作品时应抓住其形态特征，注意身体比例。因为是卡通造型，所以这个生肖虎头部较大，显得比较可爱。

2.制作胳膊和腿的时候里边要加入细铁丝，以使做出的姿势不易变形。

知识链接

老虎，头大而圆，体形健壮威武，全身橙黄色，布满黑色条纹。唇、颌、腹部和四肢内侧白色，前额有似“王”字的斑纹。耳朵黑色，耳背有个白点。身长1.6～2.9米，尾长1米，体重180～200千克。和人类指纹一样，没有两头老虎的条纹是一样的。

图4-6　生肖虎面塑作品参考图案

生肖虎面塑作品参考图案见图4-6。

任务四　生肖兔

一、训练目的

通过制作生肖兔面塑作品，锻炼制作卡通小动物的面塑技法，同时熟悉兔子的形态特征，为以后制作类似作品打下基础。

二、训练准备

1	原料	褐色面团、蓝色面团、皮肤色面团、黑色面团、红色面团、黄色面团等
2	工具	面塑刀、竹签等

三、制作过程

（1）用褐色面团塑出头部大体形状，压出眼窝。

（2）将皮肤色面团粘在头部相应位置，塑出嘴的大体形态，用黑色、白色面团塑出眼睛，粘在头部相应位置。

（3）用白色、红色面团分别塑出龅牙和舌头，粘在嘴部，在嘴边塑出胡须。

（4）用褐色面团塑出耳朵和头顶毛发，粘在头顶上。

（5）取部分蓝色面团，塑出帽子，粘在头顶上。

（6）用浅蓝色、蓝色面团分别塑出裤子和鞋子，分别安装在竹签上。

（7）用褐色、黄色面团分别塑出胳膊、衣服，粘在身体上。

（8）取部分红色、黄色、白色面团，塑出一支冰激凌，放在手里。

生肖兔面塑作品制作关键步骤如图4–7（彩图16）所示。

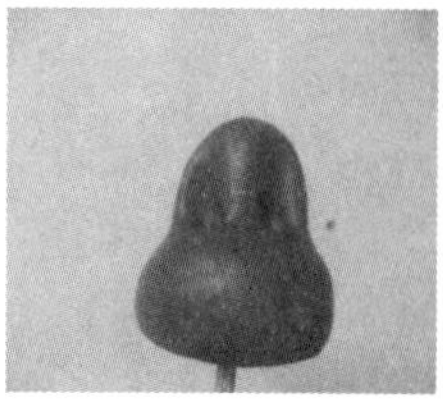
（1）

（2）

（3）

（4）

（5）

（6）

（7）

（8）

图4–7　生肖兔面塑作品制作关键步骤

注意事项

1. 抓住兔子的主要特征，例如，龅牙、长耳朵。
2. 因为是卡通形象，所以要做得俏皮可爱。

知识链接

兔子，哺乳纲、兔形目全体动物的统称。尾短而向上翘，耳长，头部略像鼠，上嘴唇中间裂开，后腿比前腿稍长，善于跳跃，跑得很快。有家养的和野生的。

生肖兔面塑作品参考图案见图4–8。

图4–8　生肖兔面塑作品参考图案

任务五　生肖龙

一、训练目的

通过制作生肖龙面塑作品，练习相应的面塑技法，熟悉龙的外貌特征，为以后制作相似的作品打下基础。

二、训练准备

1	原料	橘色面团、黄色面团、白色面团、黑色面团、红色面团、蓝色面团等
2	工具	面塑刀、竹签等

三、制作过程

（1）在竹签上缠上纸，盘上橘色面团，做出头部。

（2）在头部面团上塑出龙头的大致形态，并细塑出鼻孔和腮帮。

（3）用橘色、黑色、白色、红色面团塑出眼眉、眼睛、牙齿、舌头，分别粘在头部相应位置。

（4）用橘色、黄色面团分别塑出龙角、龙髻、耳朵、龙须，粘在头部。

（5）取部分红色面团，塑出龙的身体，另取部分蓝色、黑色面团，塑出鞋子，粘在腿部底下相应位置。

（6）用橘色、黄色面团塑出龙的尾部，安装在身体上。

（7）用黄色面团塑出手，粘在袖口处，整理整体作品。

生肖龙面塑作品制作关键步骤如图4–9（彩图17）所示。

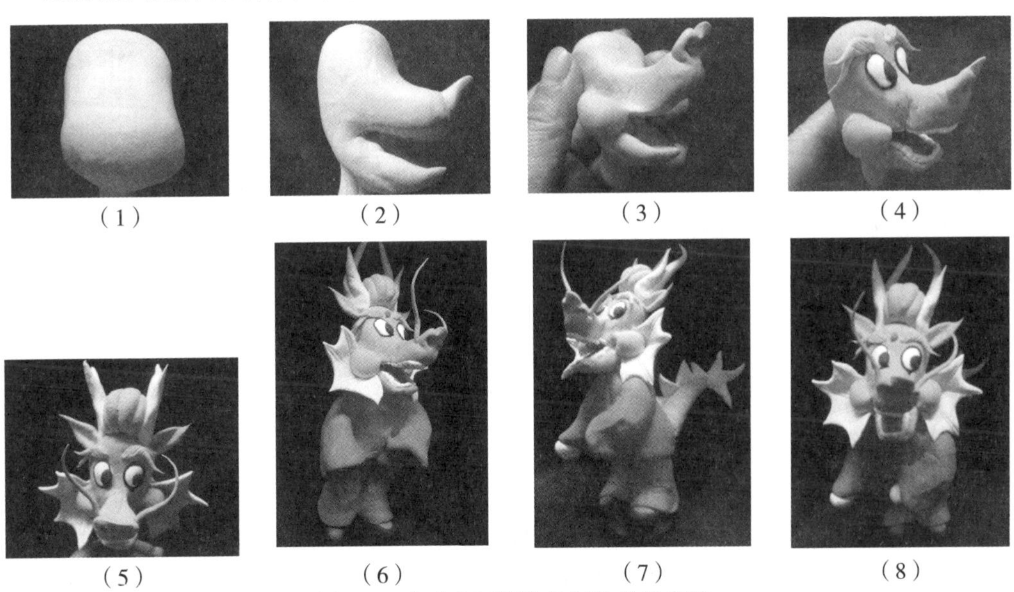

图4–9　生肖龙面塑作品制作关键步骤

注意事项

1.龙具有多种动物的特征，制作时要把各部位特征形象地体现出来，卡通造型要生动、可爱。

2.各部分要粘牢固，防止开裂。

知识链接

龙有多种动物的特征，有人认为龙是古代中原各部落统一后，各氏族图腾糅合而成的形象。

生肖龙面塑作品参考图案见图4–10。

图4–10　生肖龙面塑作品参考图案

任务六　生肖蛇

一、训练目的

通过制作生肖蛇面塑作品，练习面塑相关技法，掌握动物蛇的特征。

二、训练准备

1	原料	绿色面团、红色面团、黄色面团、黑色面团、白色面团等
2	工具	面塑刀等

三、制作过程

（1）取一块绿色面团，搓长搓细，塑出蛇的身体。

（2）在蛇头处塑出分开的嘴。

（3）用黑色、白色面团塑出一个提包。

（4）在绿色长条面团基础上塑出眼镜蛇的大体形状，整理成盘在提包上的形状。

（5）取一块黄色面团，粘在蛇腹部，塑出花纹，另取部分黑色、白色面团，塑出眼睛，粘在头部相应位置，再用面塑刀塑出鼻孔。

（6）取部分黑色面团，塑出礼帽，粘在蛇的头顶上。

（7）用橘色面团塑出眼镜，粘在蛇头相应部位。

（8）另取部分红色面团，塑出分叉的蛇信，粘在嘴里。

生肖蛇面塑作品制作关键步骤如图4–11（彩图18）所示。

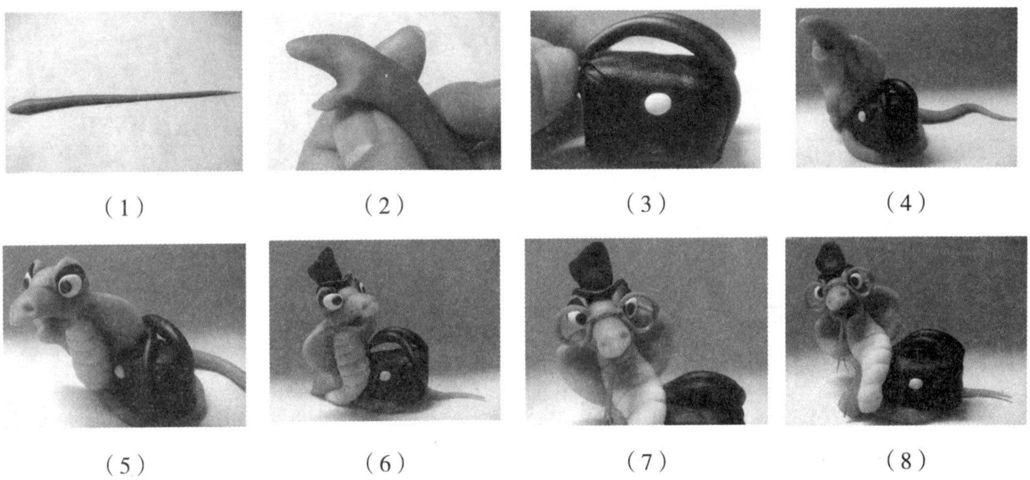

（1）　（2）　（3）　（4）

（5）　（6）　（7）　（8）

图4–11　生肖蛇面塑作品制作关键步骤

注意事项

1. 生肖蛇面塑作品较小，面团一定要揉匀揉透，不然容易开裂。

2. 生肖蛇面塑作品很不好立起来，所以要把饰物做得大一些、重一些，用来辅助固定蛇的身体。

知识链接

蛇是一种无足爬行动物。一般身体细长，无可活动的眼睑，无耳孔，无四肢，无前肢带，身体表面覆盖有鳞。部分有毒，但大多数无毒。蛇或直线行走，或蜿蜒曲折前进，这是由蛇的身体结构决定的。蛇全身分头、躯干及尾三部分。

生肖蛇面塑作品参考图案见图4–12。

图4–12　生肖蛇面塑作品参考图案

任务七　生肖马

一、训练目的

通过制作生肖马面塑作品，掌握卡通动物的相关面塑技法及马的主要特征，为以后制作相关作品打下基础。

二、训练准备

1	原料	红色面团、黄色面团、白色面团、黑色面团等
2	工具	面塑刀、竹签、剪刀等

三、制作过程

（1）取部分红色面团，盘在竹签上，做出马头的大致形态。

（2）用面塑刀在马头上塑出马嘴、鼻孔、眼窝。

（3）另取部分红色面团，塑出马鬃，粘在相应部位，用面塑刀塑出马脸上的肌肉，用黑色、白色面团塑出眼睛。

（4）用黄色面团塑出衣服，粘在身体上。

（5）另取部分黄色面团，塑出衣领，粘在衣服上。

（6）再取部分红色面团，塑出数字3，粘在衣服上。

（7）用红色面团塑出马腿和胳膊，用黑色面团塑出手、脚，安装在身体上。

（8）用红色、白色面团塑出接力棒，安装在手上。

生肖马面塑作品制作关键步骤如图4-13（彩图19）所示。

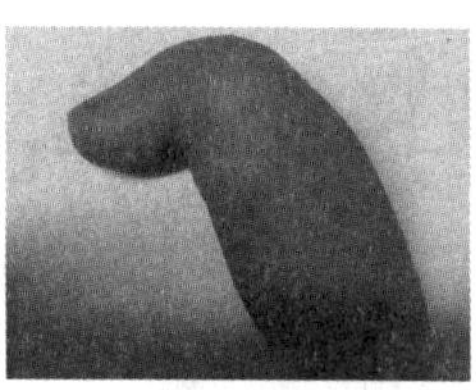
（1）
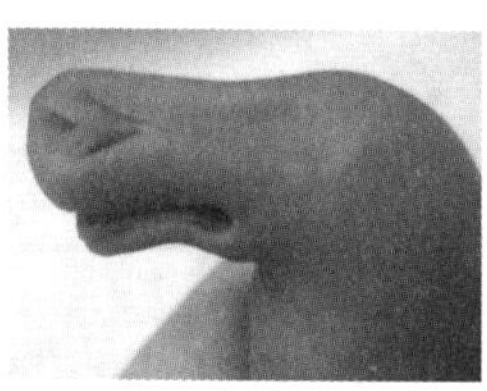
（2）

（3）

（4）

（5）

（6）

（7）

（8）

图4-13　生肖马面塑作品制作关键步骤

注意事项

1.抓住马头的主要特征，制作时头部各器官的位置及大小比例不容易掌握，掌握不好作品就不形象。

2.各部位应连接紧密，防止干裂。

知识链接

马是一种善于奔跑的哺乳动物，身材高大，肌肉发达，四肢矫健有力。马的头部大体呈长方形，前窄后宽，眼睛较大，很圆，瞪视时眼眶突出。耳朵较长，长于眼后方，头部与脖颈处有较长的毛。身体很肥壮，后背下凹，肚皮鼓起，屁股很圆，蹄子是单趾。

图4–14　生肖马面塑作品参考图案

生肖马面塑作品参考图案见图4–14。

任务八　生肖羊

一、训练目的

通过制作生肖羊面塑作品，掌握羊的特征和相应的面塑技法，为制作更加复杂的动物面塑作品打下基础。

二、训练准备

1	原料	白色面团、黑色面团等
2	工具	面塑刀、竹签等

三、制作过程

（1）将竹签缠上纸，接着盘上一块白色面团，塑出羊头大致形态。

（2）用面塑刀塑出羊头上的嘴、鼻子、眼睛（需要用到黑色面团）、肌肉。

（3）另取部分白色面团，塑出两根羊角，粘在头顶上。

（4）用部分白色面团塑出羊耳朵，粘在头部相应位置。

（5）将白色面团包裹在竹签上，塑出身体大致形态。

（6）用粉色面团塑出衣服，粘在身体上。

（7）将黑色面团包裹在羊腿上，塑出羊蹄，整理整体作品。

生肖羊面塑作品制作关键步骤如图4–15（彩图20）所示。

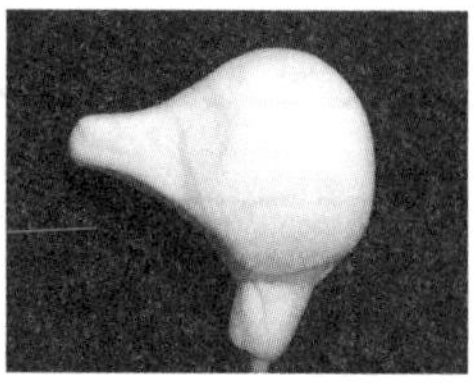
（1）

（2）
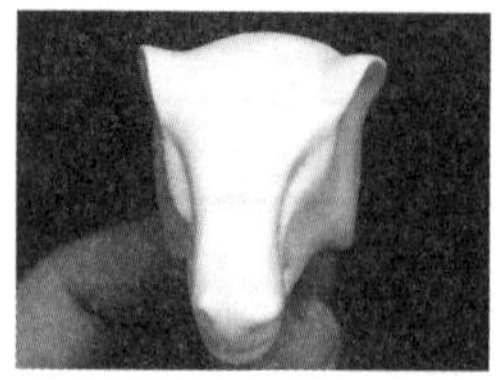
（3）
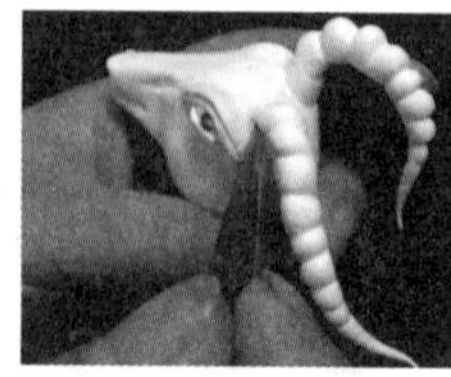
（4）

（5）

（6）

（7）

（8）

图4–15　生肖羊面塑作品制作关键步骤

注意事项

1. 制作时面团要揉匀揉透，不然干燥后容易开裂。

2. 制作羊头时要抓住羊的特征，使作品更形象，写实头和卡通身体应合理组合，掌握好各个部位的比例。

知识链接

山羊头部狭长，鼻骨较短，体毛稀疏、粗糙，背毛多为黑褐色，毛基白色，唇周至颈部为灰白色，鬃毛粗长、极为明显。

生肖羊面塑作品参考图案见图4–16。

图4–16　生肖羊面塑作品参考图案

任务九　生肖猴

一、训练目的

通过制作生肖猴面塑作品，熟悉动物面塑作品的制作方法，掌握猴的特征，为制作其他动物类面塑作品打好基础。

二、训练准备

1	原料	黑色面团、紫色面团、皮肤色面团、黄色面团、绿色面团、蓝色面团、白色面团等
2	工具	面塑刀、竹签等

三、制作过程

（1）将皮肤色面团包裹在竹签上，塑出猴头的大致形态。

（2）将黄色面团贴在面部，塑出眼窝、鼻孔、嘴。

（3）用白色面团、黑色面团塑出眼睛并装饰好。

（4）用黄色、皮肤色面团分别塑出耳朵、毛发，粘在头部相应位置。

（5）将紫色面团包裹在竹签上，塑出身体。

（6）用绿色面团塑出衣服，粘在身上。

（7）用皮肤色面团塑出四肢，安在身体上。

（8）用黄色、蓝色、白色面团塑出一个滑板，安在手中。

生肖猴面塑作品制作关键步骤如图4-17（彩图21）所示。

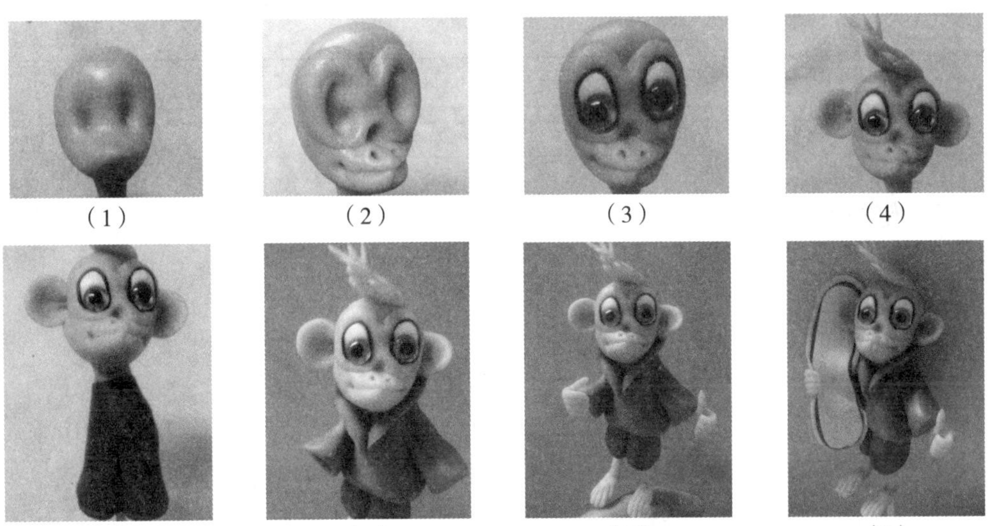

（1）　（2）　（3）　（4）

（5）　（6）　（7）　（8）

图4-17　生肖猴面塑作品制作关键步骤

注意事项

1. 抓住猴子特征，卡通猴作品要突出猴子活泼可爱的特性。
2. 色彩搭配要合理，不可以暗淡、无生气。

知识链接

猴子一般大脑发达，眼眶朝向前方，眶间距窄，手和脚的趾（指）分开，大拇指灵活，多数能与其他趾（指）对握。

生肖猴面塑作品参考图案见图4-18。

图4-18　生肖猴面塑作品参考图案

任务十　生肖鸡

一、训练目的

通过制作生肖鸡面塑作品，练习以往学习过的面塑技法，熟悉鸡身体结构和特征，为以后制作相似作品打下基础。

二、训练准备

1	原料	黄色面团、红色面团、绿色面团、黑色面团等
2	工具	面塑刀等

三、制作过程

（1）以公鸡为例，用黄色面团塑出公鸡身体的大致形态。
（2）另取部分黄色面团，塑出两只鸡爪，并将鸡爪粘在身体上。
（3）用红色面团塑出鸡冠、嘴，粘在头部相应位置。
（4）另取部分红色面团，塑出衣服，披在身上，安上仿真眼睛，塑出鸡的肉垂。
（5）用黑色、黄色面团搓双色条，并用双色条塑出公鸡尾部羽毛，粘在尾部。
（6）用黄色、红色面团分别塑出翅膀和围脖，粘在身体上。
生肖鸡面塑作品制作关键步骤如图4-19（彩图22）所示。

图4-19　生肖鸡面塑作品制作关键步骤

注意事项

1. 抓住公鸡的特征，制作公鸡面塑作品时要注意各部位比例。
2. 公鸡腿较细，不能作为整个身体的支撑点，应另放面团作为支撑点。
3. 各部位一定要粘好，不然干后易开裂。

知识链接

有一个较厚、威风凛凛的鸡冠，这是公鸡的标志。公鸡较母鸡高大，尾部及主翼有部分黑羽，体圆、胸宽。

生肖鸡面塑作品参考图案见图4-20。

图4-20　生肖鸡面塑作品参考图案

任务十一　生肖狗

一、训练目的

通过制作生肖狗面塑作品，练习卡通作品制作技法，掌握狗的主要特征，为以后制作类似作品打好基础。

二、训练准备

1	原料	黄色面团、蓝色面团、白色面团、红色面团、黑色面团、橙色面团等
2	工具	面塑刀、竹签等

三、制作过程

（1）将橙色面团盘在竹签上，塑出狗的头部大致形态。

（2）用面塑刀塑出嘴、眼眶等，装上用黑色面团塑制成的黑色鼻头和眼珠。

（3）将橙色、蓝色面团包裹在竹签上，塑出身体、裤子。

（4）用白色、黑色面团塑出鞋子，粘在身体上。

（5）用红色面团塑出上衣，粘在身体上。

（6）用黄色、黑色面团塑出衣边和纽扣，粘在衣服上。

（7）用橙色、白色面团塑出耳朵、手，安装在身体上。

生肖狗面塑作品制作关键步骤如图4–21（彩图23）所示。

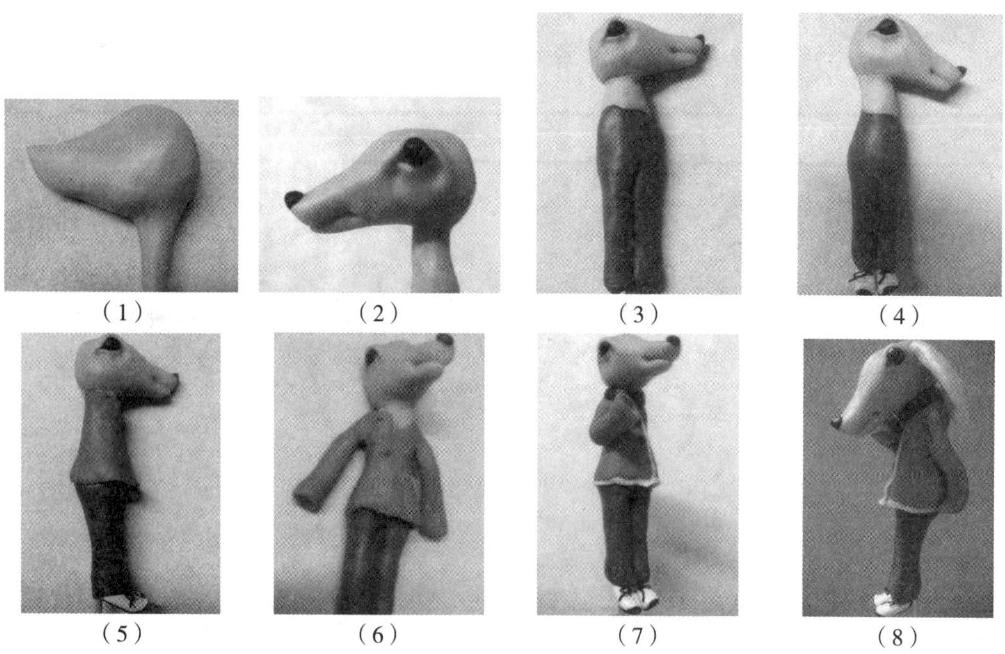

图4–21　生肖狗面塑作品制作关键步骤

注意事项

1. 制作卡通动物要突出动物头部写实的特征，突出动物拟人可爱之处，掌握好比例并适当夸张。

2. 做头部的时候，面团一定要压出多余空气，不然作品会脱落。

3. 身体连接部分一定要压紧、盘实，不然作品干后易开裂。

知识链接

狗亦称“犬”，由早期人类从灰狼驯化而来，通常被称为“人类最忠实的朋友”。狗的脸部较长，有锋利的牙齿，耳朵形态多样，有的直立，有的耷在头部两侧。狗的鼻子很大，嗅觉很灵敏。

生肖狗面塑作品参考图案见图4-22。

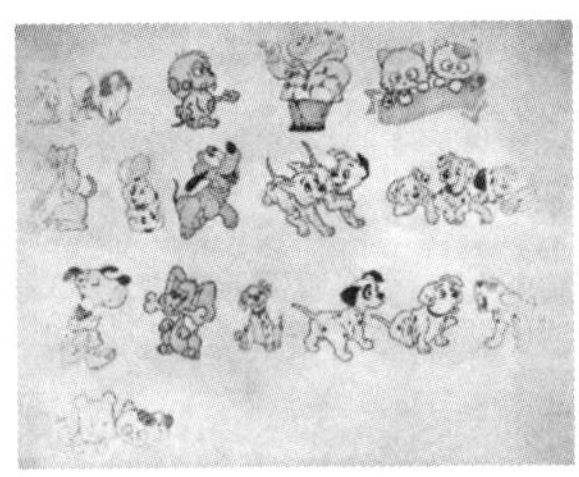

图4-22　生肖狗面塑作品参考图案

任务十二　生肖猪

一、训练目的

通过制作卡通生肖猪的面塑作品，锻炼已经学到的各种面塑技法，同时熟悉猪这种动物的特征，为以后制作类似作品打下基础。

二、训练准备

1	原料	白色面团、红色面团、黑色面团、黄色面团等
2	工具	面塑刀、竹签等

三、制作过程

（1）将白色面团包裹在竹签上，塑出猪的头部。

（2）用面塑刀塑出猪的嘴和鼻子等。

（3）用黑色、红色面团在头部塑出眼睛、眼眉、嘴唇、舌头、鼻孔。

（4）将白色面团包裹在竹签上，塑出猪的身体。

（5）用红色、绿色面团塑出衣服，粘在身体上。

（6）用白色、黑色面团分别塑出猪耳、前腿和蹄等，安装在身体上。

（7）用红色、黑色面团塑出帽子，安装在头顶上。

（8）用黄色面团塑出几个金元宝，放在小猪脚下。

生肖猪面塑作品制作关键步骤如图4–23（彩图24）所示。

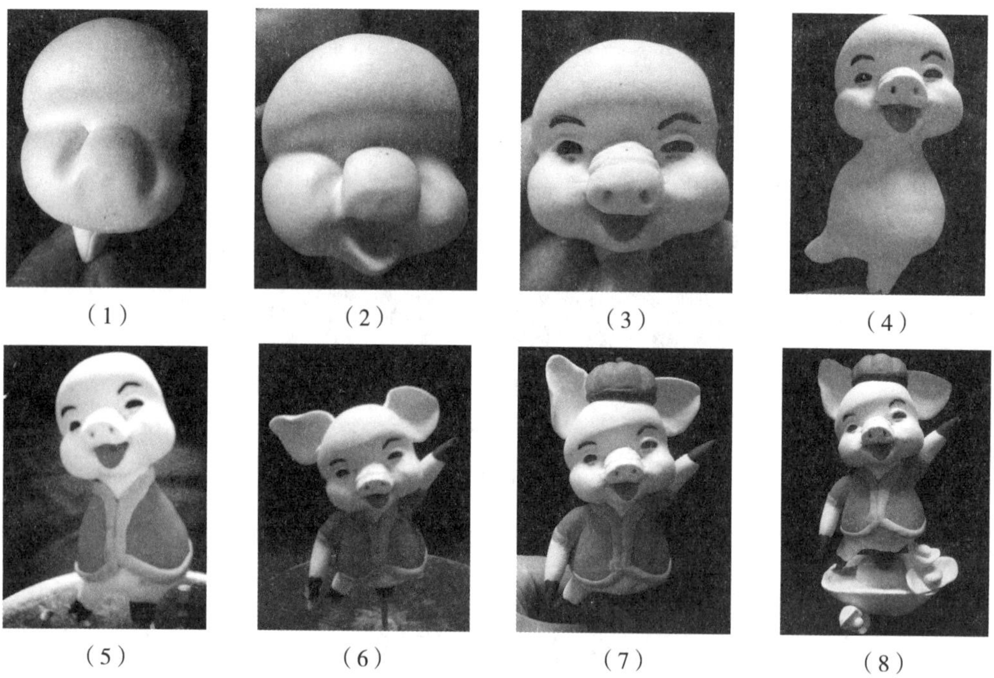

图4–23　生肖猪面塑作品制作关键步骤

注 意 事 项

1. 制作这个作品时一定要抓住小猪的主要特征。
2. 制作小猪面塑作品时，各部位要粘接牢固，否则干后易干裂。
3. 制作时也可考虑小猪的其他姿势，但应使小猪身体协调。

知识链接

猪的头部较大、较圆、较胖，眼睛较小，耳朵大，鼻子突出，鼻眼外翻，四肢短且细，身体圆胖。

生肖猪面塑作品参考图案见图4-24。

图4-24　生肖猪面塑作品参考图案

项目测试

一、判断题

1. 头短，额宽，嘴宽广，鼻孔大，眼大，角质细，大小适中；颈短、粗、多肉；皮厚，柔软、有弹性，皮下脂肪发达，被毛密而细。以上特征是用来形容牛的。（　　）

2 粘面塑作品各部位的时候一定要粘好，不然干后易开裂。（　　）

3. 制作面塑作品时，面团要揉匀揉透，不然干后易开裂。（　　）

二、简答题

1. 十二生肖具体有哪些？写下两种生肖动物的形象特征。

2. 写下面塑的几种常见使用节日或具体日期。

项目五　写实动物

学习目标

- 了解写实面塑，知道写实动物马的表现技法
- 掌握面塑马的制作比例与形态特征，以及制作大型动物作品的过程
- 激发学生对面塑知识的热爱

看PPT　　看电子书

任务一　马

有关马的美术知识

一、训练目的

通过制作马面塑作品，练习动物面塑相应的制作技法，熟悉马的特征及大型动物面塑作品的制作过程，为制作其他动物面塑作品做准备。

二、训练准备

1	原料	褐色面团、白色面团、黑色面团等
2	工具	面塑刀、粗铁丝、毛边纸等

三、制作过程

（1）用粗铁丝制作一个马的骨骼架，上面缠上毛边纸，做出马的大体形态。

（2）将褐色面团包裹在马的骨骼架头部位置，塑造出头部大致形态。

（3）用面塑刀细致地塑出马面部的嘴、牙齿、鼻子、眼睛（需用到黑色、白色面团）、肌肉及脖子上的血管等。

（4）将褐色面团揉软，包裹在马身体上，塑出马后腿及马蹄。

（5）将褐色面团包裹在马前腿上，塑出马前腿及胸部、脖子上肌肉等。

（6）将一小块白色面团粘在马鼻梁上，塑出白斑，另取部分褐色面团，塑出马鬃，

粘在马脖子上。

（7）用褐色面团塑出马的耳朵，粘在马头上，根据马头姿态再调整好马鬃。

（8）用面塑刀细致地塑出马身体各部位肌肉，整体肌肉应完美、协调。

（9）将褐色面团包裹在马尾部，塑出马尾形态。

马面塑作品制作关键步骤如图5-1（彩图25）所示。

图5-1　马面塑作品制作关键步骤

注意事项

1. 一定要先把骨骼架做好，掌握好重心。
2. 仔细研究马的身体结构，尤其是骨骼形状和肌肉分布。
3. 为突出马雄健有力的特征，鬃毛一定要“炸”起来。

知识链接

马面塑作品参考图案见图5-2。

图5-2　马面塑作品参考图案

项目测试

简答题

写实面塑作品马的制作注意事项有哪些?

项目六　面塑人物基础

学习目标

- 熟悉并掌握面塑人物面部及五官的制作技巧
- 熟悉并掌握面塑人物手脚的制作方法

看PPT　　看电子书

任务一　面塑人物面部及五官制作

面塑人物美术知识

一、训练目的

熟悉并掌握面塑人物面部及五官的制作方法。

二、训练准备

1	原料	皮肤色面团、白色面团、黑色面团等
2	工具	面塑刀、竹签、剪刀等

三、制作过程

（1）将皮肤色面团盘在竹签上，挤压出中间空气，做出头部大致形状。

（2）用面塑刀压出眼线位置。

（3）用面塑刀塑出眉骨及鼻梁。

（4）用面塑刀开出眼窝。

（5）取一小块白色面团，填充在眼窝内，塑出眼球。

（6）用黑色面团塑出黑眼珠，粘在眼球上。

（7）用面塑刀塑出下眼睑。

（8）用面塑刀塑出鼻翼、鼻孔。

（9）将嘴部面团压光，塑出法令纹。

（10）用面塑刀塑出嘴的大致形状及嘴角。

（11）用面塑刀塑出下嘴唇、上嘴唇。

（12）用面塑刀塑出面部酒窝。

（13）将皮肤色面团粘在头部两侧耳朵部位，塑出耳朵大体形状。

（14）用面塑刀细致地塑出耳道等。

（15）用黑色面团塑出眼眉，粘在眉弓上。

面塑人物面部及五官制作关键步骤如图6-1（彩图26）所示。

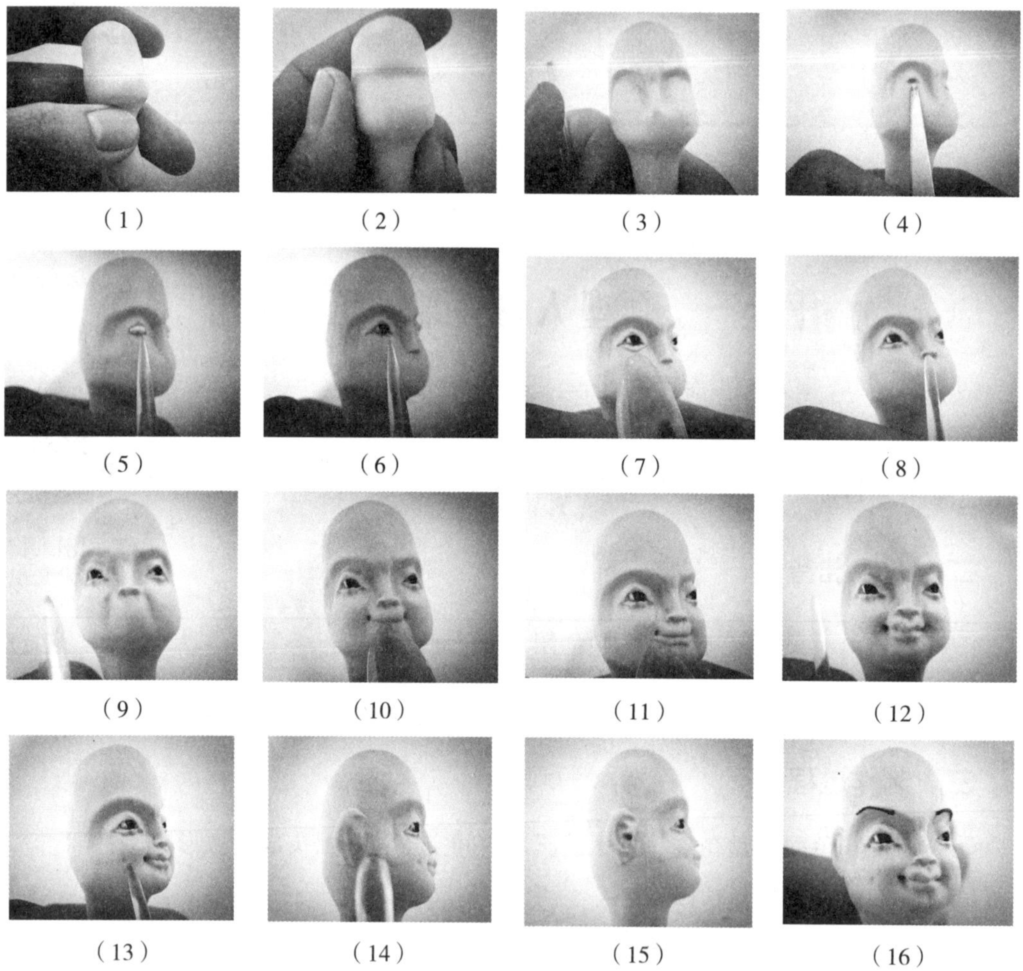

图6-1　面塑人物面部及五官制作关键步骤

任务二 面塑人物手脚制作

一、训练目的

熟悉并掌握面塑人物手脚的制作方法。

二、训练准备

1	原料	皮肤色面团等
2	工具	面塑刀、剪刀等

三、制作过程

（一）手

（1）将皮肤色面团搓成条，一面压扁，做出手掌大概形状。

（2）手掌以下部位的面团搓细，塑出手腕，使手掌凸出。

（3）用剪刀剪出五指。

（4）依次将五指搓细、搓圆、搓长。

（5）塑出指纹、指节。

（6）塑出手的骨骼大型及筋络。

（7）塑出手指骨节。

（8）塑出手指指甲。

面塑人物手制作关键步骤如图6–2（彩图27）所示。

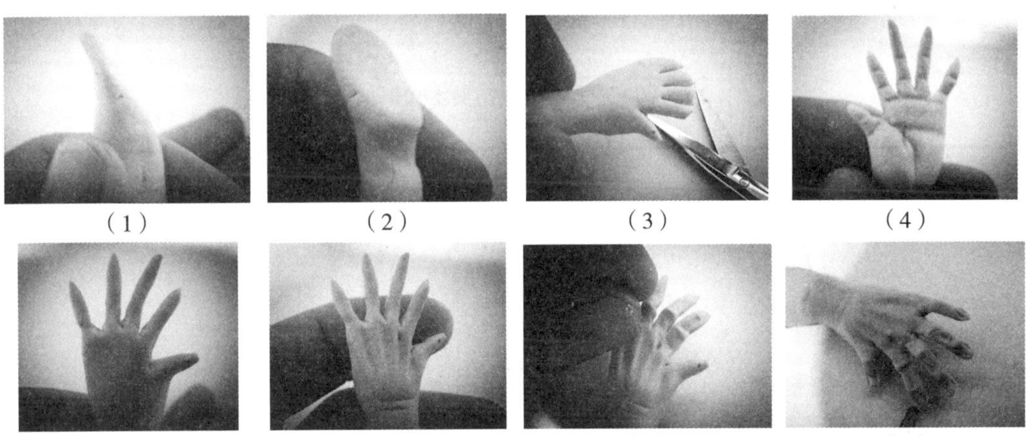

（1）（2）（3）（4）（5）（6）（7）（8）

图6–2 面塑人物手制作关键步骤

（二）脚

（1）用皮肤色面团塑出脚面和脚跟等。

（2）用面塑刀压出脚趾。

（3）塑出脚背上的筋络。

（4）塑出脚指甲，整理整体形态。

面塑人物脚制作关键步骤如图6–3（彩图28）所示。

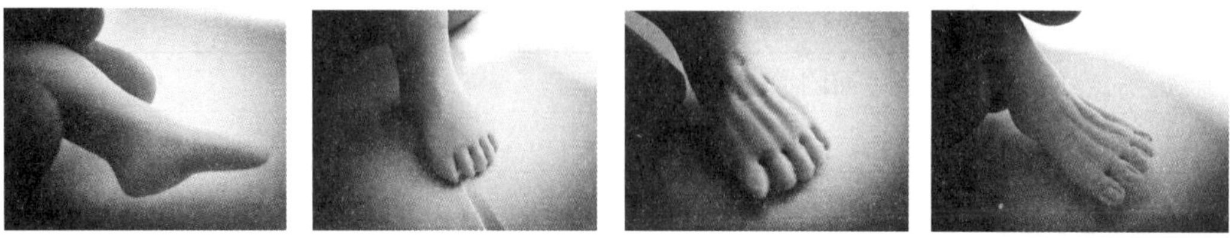

（1）　（2）　（3）　（4）

图6–3　面塑人物脚制作关键步骤

知识链接

面塑人物美术知识见图6–4。

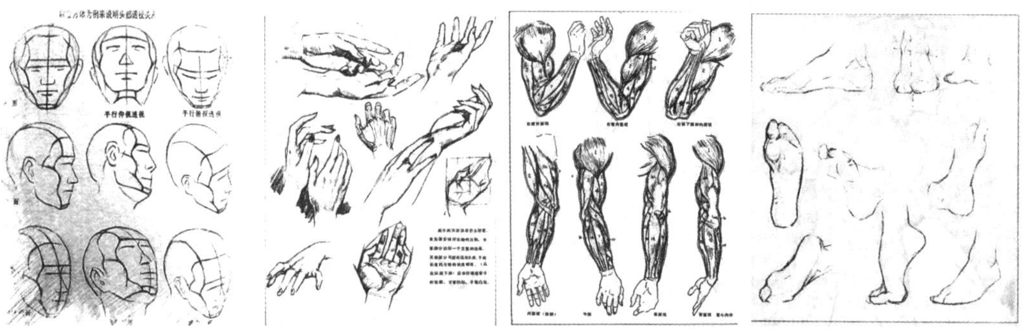

图6–4　面塑人物美术知识

项目测试

简答题

1. 在制作人物面塑作品时，五官塑制应注意什么？

2. 在制作人物面塑作品时，手脚塑制应注意什么？

项目七　儿童人物

学习目标

- 通过分析人物各部分形体演示操作特点，对儿童人物面塑作品能够做到熟练操作
- 了解并掌握不同儿童面塑作品背后的含义

看PPT　看电子书

任务一　雏菊小女孩

一、训练目的

制作一个手拿雏菊玩要的小女孩面塑作品，掌握儿童人物塑制基本技法及步骤。

二、训练准备

1	原料	皮肤色面团、粉色面团、黄绿色面团、绿色面团、白色面团等
2	工具	滚子、压板、面塑刀、铁丝、彩笔等

三、制作过程

（1）将皮肤色面团揉搓好，包裹在铁丝上，塑出头部，把黄绿色面团压成片，包在头部，塑制出头发，用彩笔画出眼睛、睫毛、眉毛、嘴。

（2）把用白色、黄色面团制成的雏菊饰品安在头发上。

（3）揉搓好皮肤色面团，用其塑制出上半身及下半身。

（4）将身体组合在一起，将绿色、黄色等面团压成薄片，粘在身体上，塑制出裙子。

（5）揉搓好皮肤色面团，塑制出双手。

（6）揉搓好白色面团，塑制出衣服袖子。

（7）将双手、衣袖安装在身体上，塑出衣服上的装饰花纹及饰品。

（8）将头部安装在身体上，再将制作好的雏菊安在小女孩手上。

雏菊小女孩面塑作品制作关键步骤如图7–1（彩图29）所示。

（1）

（2）

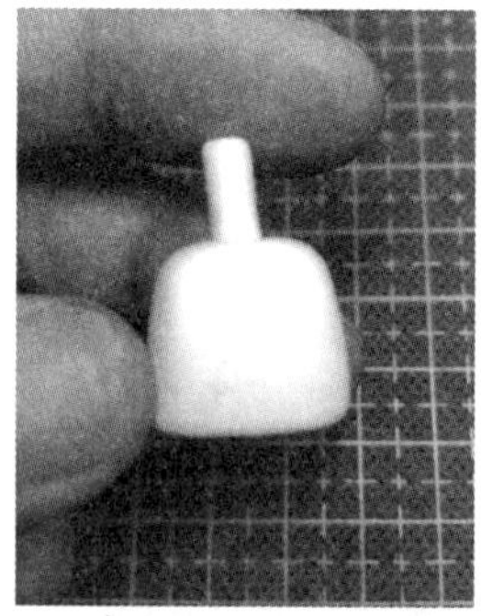

（3）

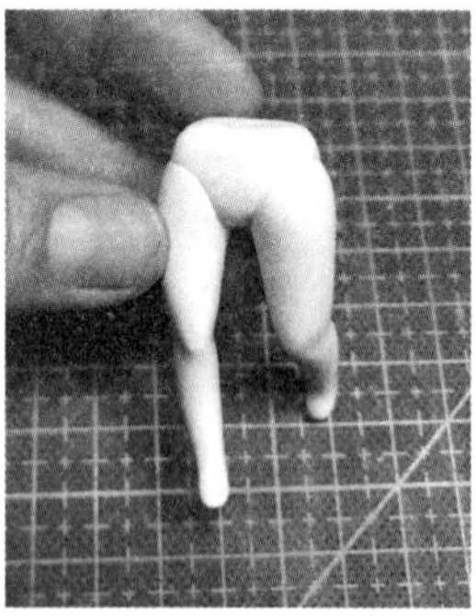

（4）

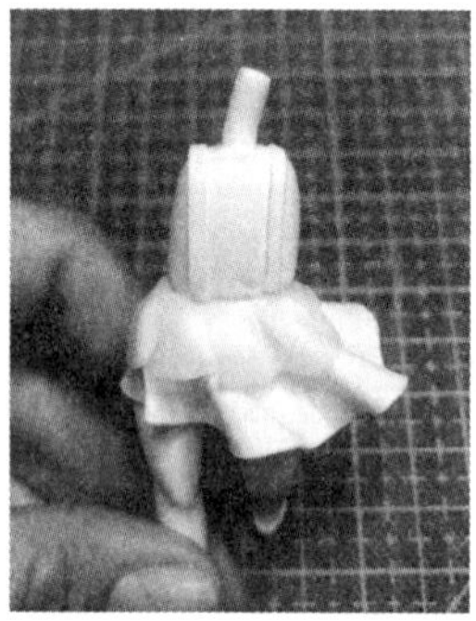

（5）

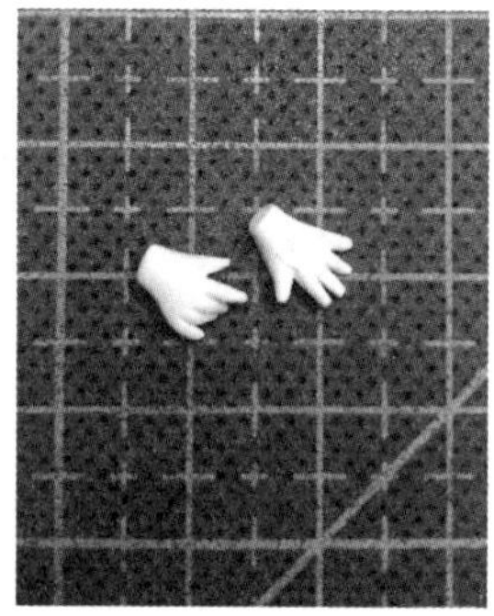

（6）

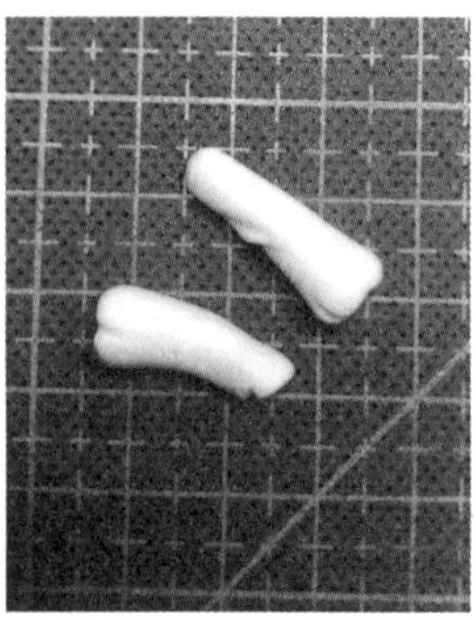

（7）

（8）

（9）

图7–1　雏菊小女孩面塑作品制作关键步骤

注意事项

1.制作儿童面塑作品时，一定要注意头部五官比例以及身体的比例，儿童一般额头较大，所以眼睛位置要靠下一些，还有就是神态一定要可爱。身体比例则是头部较大，四肢较短。

2. 制作人物时一定要注意各个接合部位的处理，粘得不牢很容易开裂，所以要点好胶水，并尽量加大接触面积。

3. 制作这种题材作品时要色彩鲜亮、饰品简明。

知识链接

雏菊女孩代表纯洁、天真烂漫，无忧无虑的生活向往。

任务二　醒狮小女孩

一、训练目的

通过制作醒狮小女孩面塑作品，熟悉儿童人物面塑作品制作方法及步骤，掌握儿童人物制作比例。

二、训练准备

1	原料	皮肤色面团、红色面团、黄色面团、绿色面团、黑色面团、白色面团等
2	工具	面塑刀、压板、铁丝、彩笔等

三、制作过程

（1）揉搓好皮肤色面团，将其包裹在铁丝上，塑制出头部，再将黑色面团压成薄片，包在头部，塑制出头发，用彩笔画出眼睛、眉毛、嘴等。

（2）揉搓好红色面团，塑制出上半身。

（3）揉搓好皮肤色面团，塑制出双腿等。

（4）将上半身与双腿等组合在一起，用红色、白色面团分别塑制出裙子及靴子。

（5）揉搓好皮肤色面团，塑制出双手。

（6）揉搓好白色面团，塑制出胳膊和袖子。

（7）将袖子等粘在身体上，用皮肤色面团在身体上塑制出脖子，用白色面团塑制出衣服上的装饰花纹。

（8）利用几种面团等塑制出醒狮帽子。

（9）将醒狮帽子粘在小女孩头上，双手安在身体上，再将用红色面团塑制好的糖葫芦安在小女孩手上。

醒狮小女孩面塑作品制作关键步骤如图7-2（彩图30）所示。

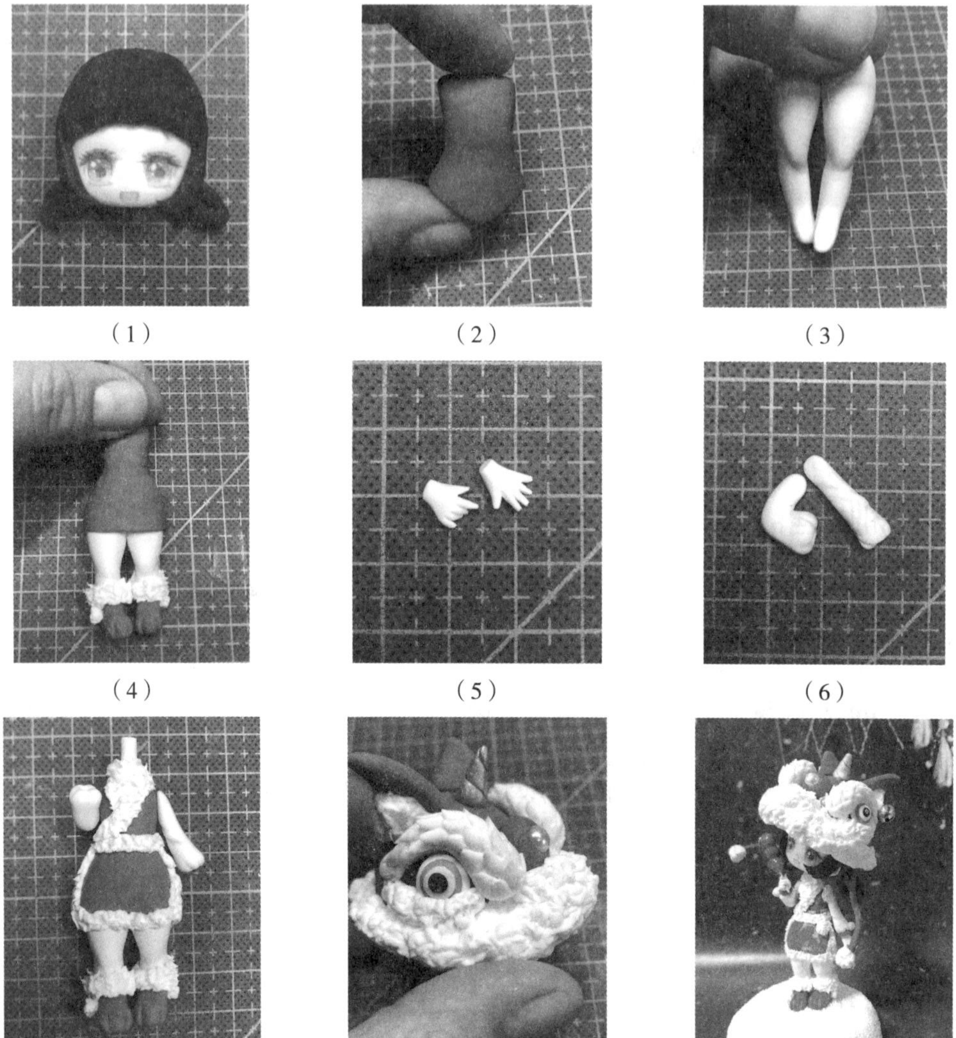

图7-2　醒狮小女孩面塑作品制作关键步骤

注意事项

1. 制作此作品时要注意饰物与身体的比例、身体中头部的比例。
2. 醒狮小女孩作品应突出醒狮帽子，所以制作时要注意帽子的细节。

知识链接

醒狮是阳刚的象征，彰显着活力，戴着醒狮帽子象征着一生安康，还代表着吉祥如意、自立自强、勇往直前，寄托着对未来的美好祝愿。

醒狮图案见图7-3。

图7-3　醒狮图案

任务三　小孩抱鱼

一、训练目的

通过制作小孩抱鱼面塑作品，熟悉儿童人物面塑作品的制作方法及步骤，掌握面塑人物制作所需的面塑技法，为以后制作人物作品打好基础。

二、训练准备

1	原料	皮肤色面团、红色面团、黄色面团、绿色面团、黑色面团、白色面团等
2	工具	面塑刀、竹签等

三、制作过程

（1）将皮肤色面团包裹在竹签上，塑出小孩头部大体形状，再塑出眼睛、眉骨、鼻子、下巴等细节。

（2）用黑色、白色面团塑出眼白、眼珠、眉毛、睫毛，粘在相应部位，接着塑出双眼皮，再将红色面团粘在嘴部，塑出红嘴唇。

（3）用黑色面团塑出一绺头发，粘在头顶上。

（4）将两小块皮肤色面团粘在头部两侧，塑出耳朵，将一大块皮肤色面团包裹在竹签上，塑出身体。

（5）用皮肤色面团塑出胳膊、大腿等，安在身体上。

（6）用红色、黄色面团塑出肚兜，粘在身体上。

（7）用红色、黄色面团塑出一尾鲤鱼，并将塑制好的鲤鱼放在小孩怀里。

（8）用绿色面团塑出一片大荷叶。

（9）将抱鱼小孩放在荷叶上。

小孩抱鱼面塑作品制作关键步骤如图7–4（彩图31）所示。

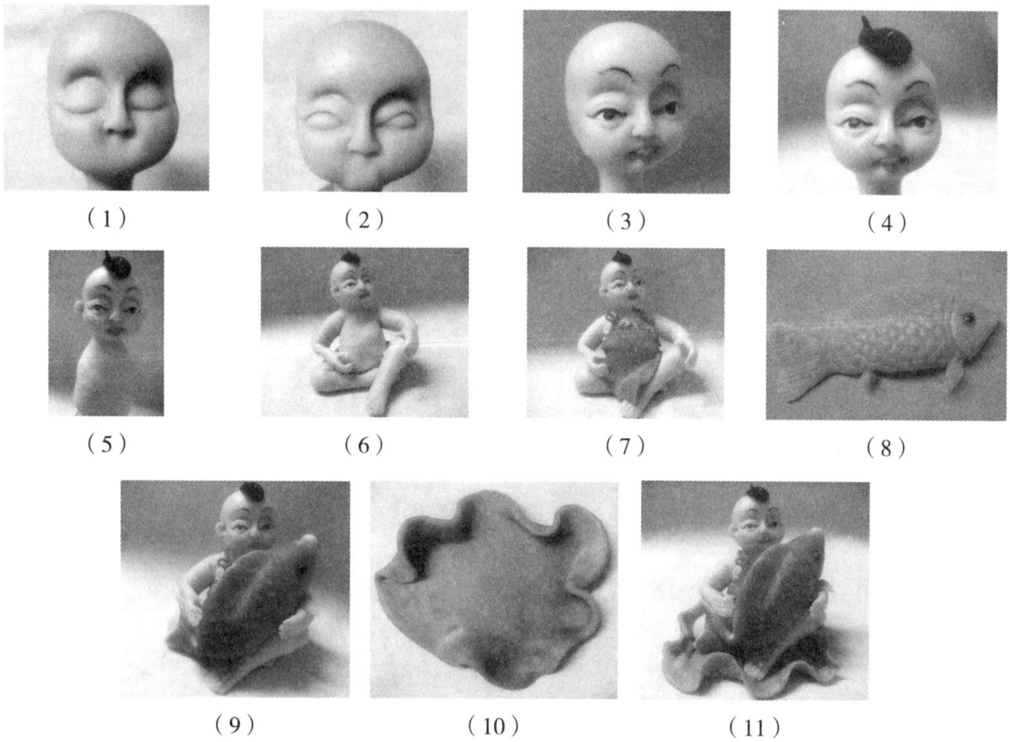

图7–4　小孩抱鱼面塑作品制作关键步骤

注意事项

1. 制作儿童面塑作品时要注意五官的比例，儿童额头要大一些，眼睛也要大一些，脸蛋要做得圆润。

2. 身体各部位应粘牢固，防止开裂。

知识链接

小孩抱鱼寓意连年有余、吉庆丰收，是我国著名的吉祥图案。

小孩抱鱼图案见图7–5。

图7–5　小孩抱鱼图案

项目测试

判断题

1. 制作儿童面塑作品时，儿童额头要大一些，眼睛也要大一些，脸蛋要做得圆润。（　　）
2. 一般制作人物时不需要使用铁丝进行内部支撑。（　　）
3. 幼儿头部的脑颅体积占头部的5/6，面颅仅占头部的1/6。幼儿头顶骨隆起，额头高而显著，下颌小而圆。（　　）
4. 将皮肤色面团揉搓好，包裹在铁丝上，塑制出头部，将黑色面团压成薄片，包在头部，塑制出头发，再用彩笔画出眼睛、眉毛、嘴。（　　）

项目八　时代卡通人物

学习目标

- 了解更多的面塑制作品类，知道卡通人物特点及表现方式
- 通过观察、训练等学习方式，掌握常见的卡通面塑制作技巧
- 通过接触新鲜事物，让学生保持对面塑的新鲜感，更具创造性

看 PPT　　看电子书

任务一　卡通大白

一、训练目的

制作卡通大白面塑作品，掌握成人面塑作品制作基本技法。

二、训练准备

1	原料	皮肤色面团、白色面团、蓝色面团、红色面团等
2	工具	滚子、面塑刀、铁丝、彩笔等

三、制作过程

（1）将皮肤色面团揉搓好，包裹在铁丝上，塑出头部，将白色面团压成薄片，塑制成口罩，粘在相应部位，用彩笔画出眼睛、睫毛、眉毛。

（2）将白色面团压成片，包在头部，塑制成帽子。

（3）揉搓好白色面团，塑制出身体。

（4）揉搓好白色面团，分别塑制出衣袖和鞋子等。

（5）将制作好的头部、身体、鞋子组装在一起。

（6）将蓝色面团压成薄片，制作成长条状带子，粘在衣服上。

（7）揉搓好红色、白色面团，塑制出棉签和试剂管。

（8）揉搓好皮肤色面团，塑制出双手。

（9）将塑制好的衣袖、双手、棉签、试剂管等分别安在身体相应部位。

卡通大白面塑作品制作关键步骤如图8–1（彩图32）所示。

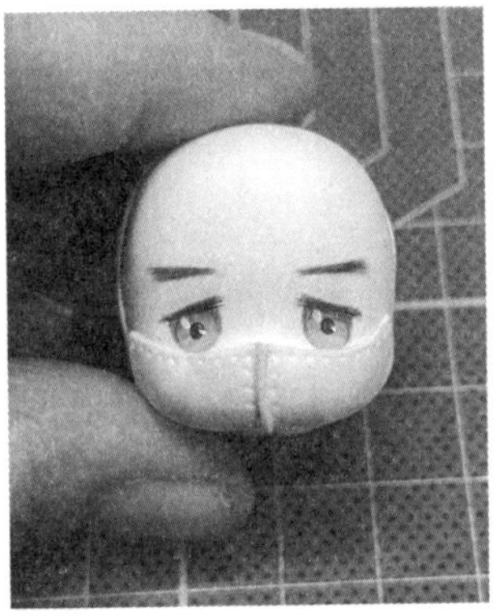

（1）

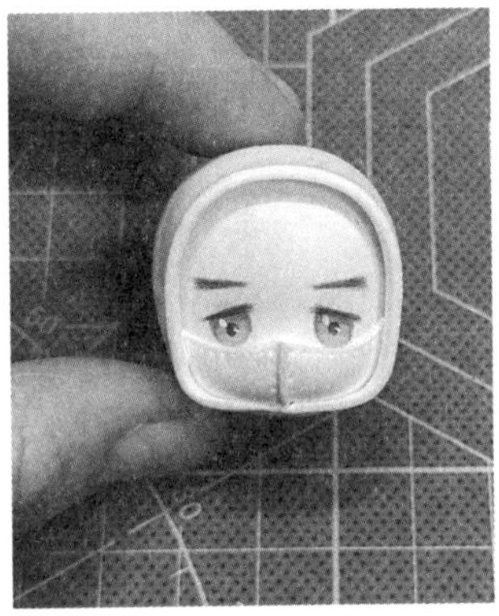

（2）

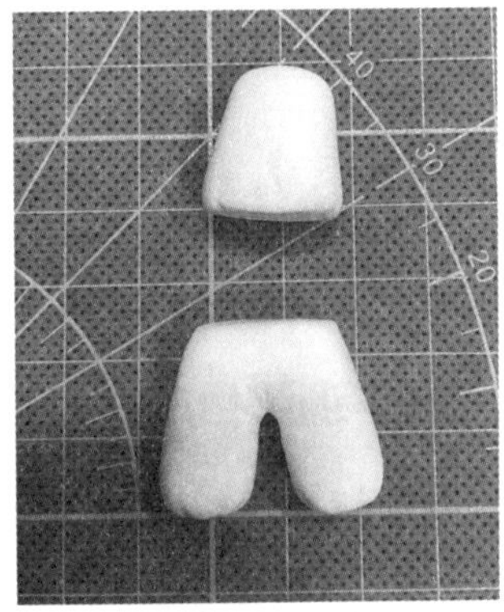

（3）

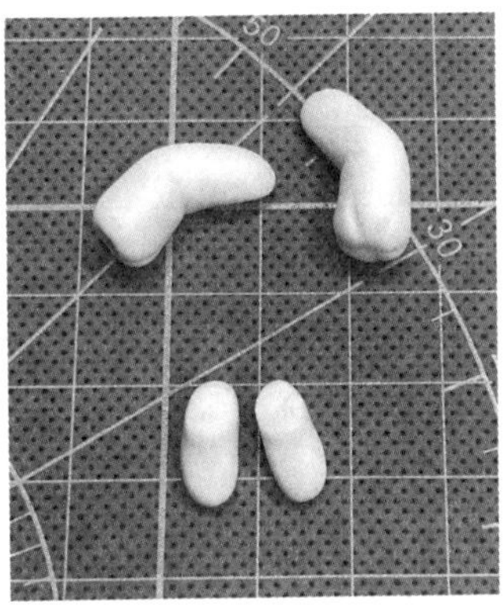

（4）

（5）

（6）

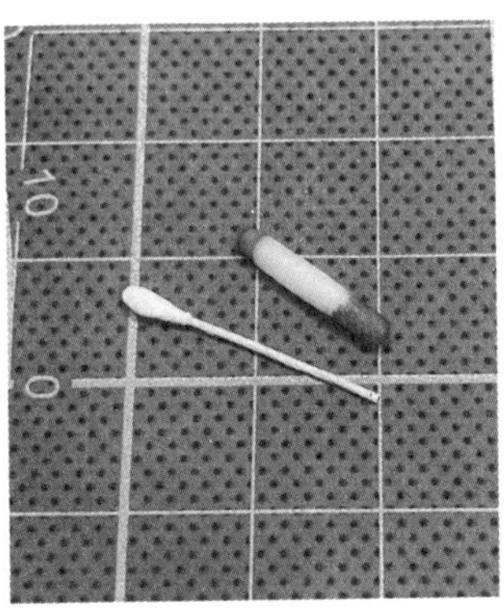

（7）

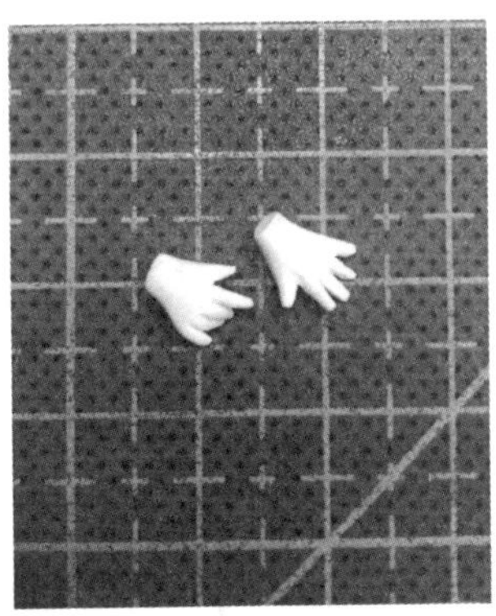

（8）

（9）

图8–1　卡通大白面塑作品制作关键步骤

注 意 事 项

1. 大白是成人形象，要注意头部五官及身体的比例。
2. 大白的题材要突出服装，服装的细节要处理好。
3. 各个接合部位应尽量加大粘贴接触面积，以使其更牢固。

任务二　卡通宇航员

一、训练目的

制作卡通宇航员面塑作品，掌握成人面塑作品基本制作技法及制作步骤。

二、训练准备

1	原料	红色面团、白色面团、金色颜料等
2	工具	滚子、面塑刀、铁丝、毛笔等

三、制作过程

（1）揉搓好白色面团，塑制出航天头盔。
（2）另取部分白色面团，揉搓好后塑制出上半身及下半身。
（3）揉搓好红色、白色面团，塑制出双臂及红色装饰物。
（4）将制作好的上半身、下半身粘在一起，组装上塑制好的宇航员背包和连接管线。
（5）将塑制好的双臂安在身体上，并将塑制好的护腿粘在膝盖部位。
（6）将塑制好的航天头盔安在身体相应部位，用毛笔和金色颜料进行上色。
（7）将宇航员安装在塑制好的陨石上。

卡通宇航员面塑作品制作关键步骤如图8-2（彩图33）所示。

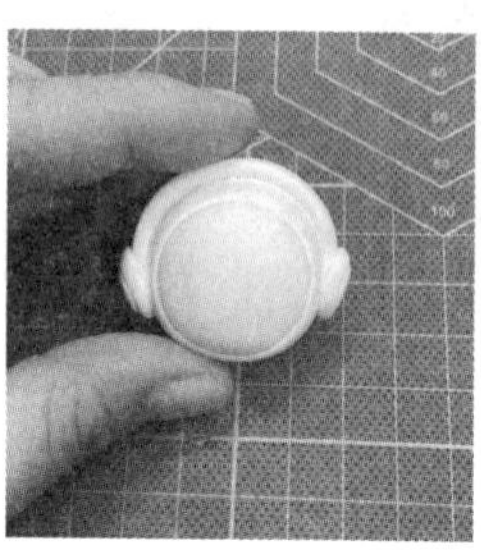
（1）

（2）

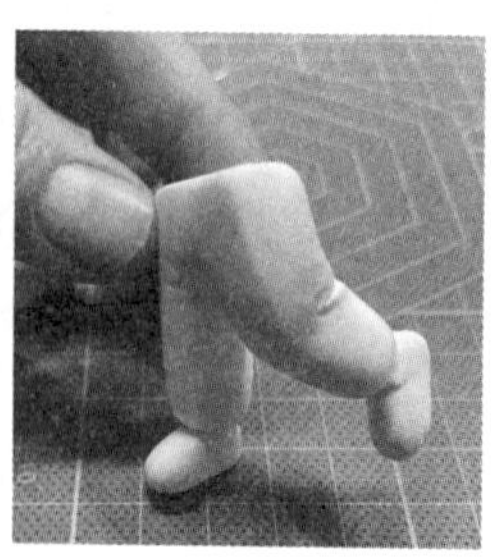
（3）

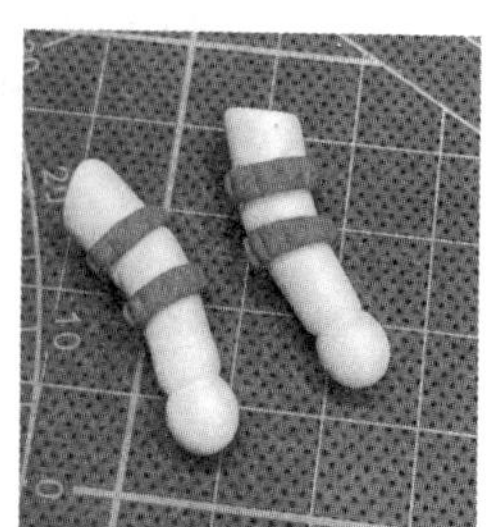
（4）

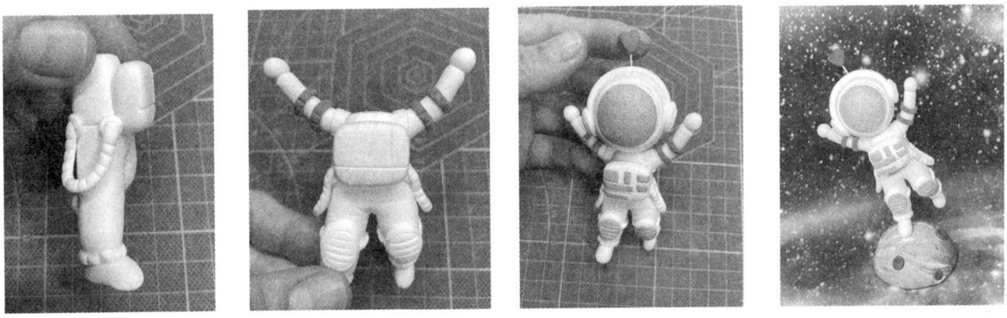

（5）　（6）　（7）　（8）

图8-2　卡通宇航员面塑作品制作关键步骤

注意事项

1. 宇航员是成人形象，要注意头部与身体的比例。
2. 宇航员人物题材主要应突出宇航服的制作，服装的细节要处理好。
3. 各个接合部位应尽量加大粘贴接触面积，以使其牢固。

项目测试

判断题

1. 大白是成人形象，要注意头部五官与身体的比例。（　　）
2. 大白制作过程中需要用到的制作工具有滚子、面塑刀、铁丝。（　　）
3. 制作人物面塑作品时，各个接合部位应尽量减小粘贴接触面积，以使其牢固。（　　）

项目九　动漫人物和玩偶人物

学习目标

- 了解更多的面塑制作品类，了解动漫人物制作方法
- 掌握以铁丝做骨架的人物制作技法，掌握人物整体形态的塑造
- 贴合年轻群体，进行动漫文化与传统面塑文化的碰撞，激发学生兴趣

看PPT　　看电子书

任务一　动漫人物

一、训练目的

通过制作动漫人物，练习以铁丝做骨架制作面塑人物的技法，熟悉面塑人物作品制作过程。

二、训练准备

1	原料	青色面团、蓝色面团、皮肤色面团、黑色面团、白色面团、紫色面团、金色颜料等
2	工具	钳子、铁丝、面塑刀、压板、小叶筋毛笔等

三、制作过程

（1）用钳子将铁丝制成骨架。

（2）利用面团做出底座。

（3）在铁丝顶端裹上皮肤色面团，塑出头部大概形状。

（4）用面塑刀在面部压出眉弓等。

（5）用面塑刀塑出眼窝、挑出鼻子。

（6）在面部眉弓下塑出上眼皮及眼窝。

（7）用黑色、白色、蓝色面团分别塑出眼珠、眉毛、眼睫毛等，粘在眼部，将红色面团粘在嘴部，塑出嘴唇。

（8）在铁丝中间裹上一块面团，塑出臀部。

（9）用紫色面团和蓝色面团塑出腿及鞋子。

（10）将蓝色面团压成薄片，围在臀部，塑出短裙，用绿色面团等塑出装饰物。

（11）将皮肤色面团包裹在上半身，塑出胸部等。

（12）将皮肤色面团搓成长条，塑出胳膊、手。

（13）将塑好的胳膊安在身体上，将蓝色面团等压成薄片，分别包裹在上半身及头部，塑出上衣、头巾。

（14）用多色面团塑出帽子及装饰物，分别粘在头部、腕部、腰部等。

（15）用小叶筋毛笔蘸上金色颜料，画出点缀。

（16）整理各部位形态及装饰物。

动漫人物面塑作品制作关键步骤如图9-1（彩图34）所示。

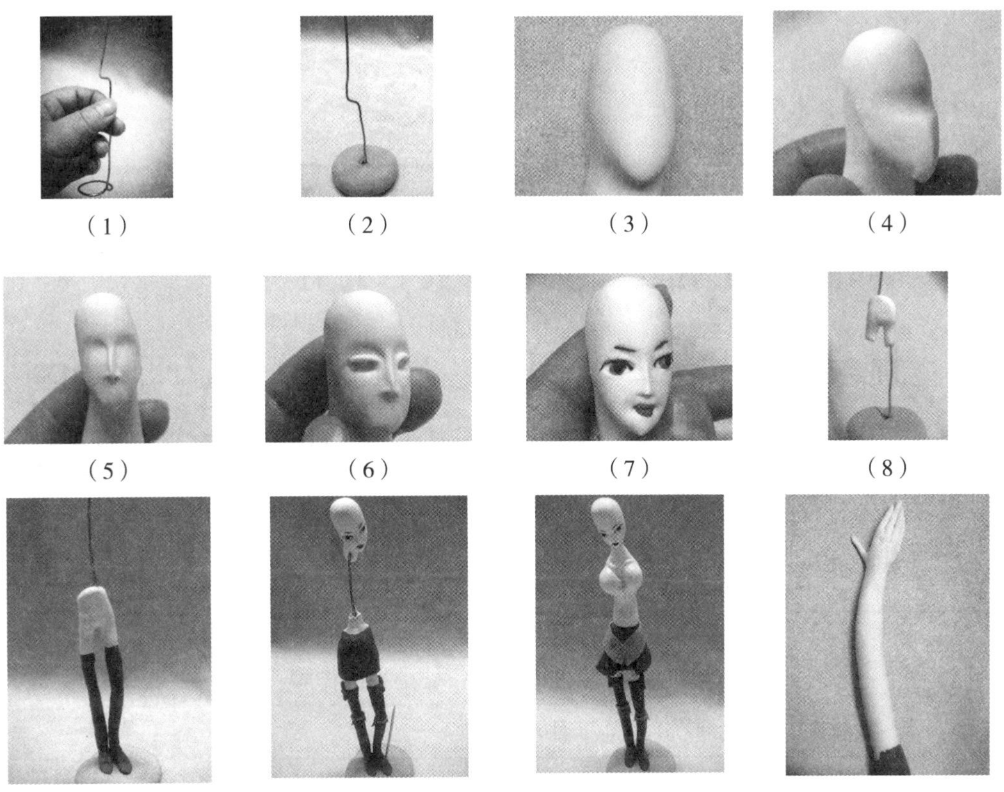

（13）　（14）　（15）　（16）

图9–1　动漫人物面塑作品制作关键步骤

注意事项

1.骨架制作一定要比例准确、协调，动漫人物一般身体修长，胳膊和腿也相对细长。

2.动漫人物表情要细腻，装饰物要细致，形神兼备才是好作品。

3.在骨架上包裹面团时一定要把空气压出去，否则面团会干裂，各个接口处一定要涂上胶水，不然会开裂。

任务二　玩偶人物芭比娃娃

一、训练目的

通过制作芭比娃娃面塑作品，掌握人物整体形态的塑造技巧，重点训练学生人物面部的塑造。

关于人体的美术知识

二、训练准备

1	原料	皮肤色面团、褐色面团、橘红色面团、黑色面团、白色面团、蓝色面团、各种小装饰物等
2	工具	报纸、胶带、面塑刀等

雕塑衣纹

三、制作过程

（1）将报纸团压成身体大概形状。

面塑人物特征的处理

（2）将皮肤色面团包裹在头部，塑出头部轮廓。

（3）在面部塑出眼窝、推出眉骨、挑出鼻子、做出嘴唇等。

（4）在面部塑出眼睛、眉毛、眼线、眼睫毛等，注意，塑制眼睛时要用到黑色、白色、蓝色面团。

（5）将皮肤色面团包裹在胸部。

（6）将橘红色面团包裹在身体上，塑出裙子。

（7）将褐色面团包裹在头上，塑出头发，用红色和皮肤色面团塑出戴手套的胳膊，安在身体上，接着将红色面团搓成细条，粘贴在裙子上，塑出花边等装饰物。

（8）利用羽毛、丝网、金粉等，塑出一顶精致的帽子，安在头上。

（9）整理细节，完善整体结构。

芭比娃娃面塑作品制作关键步骤如图9–2（彩图35）所示。

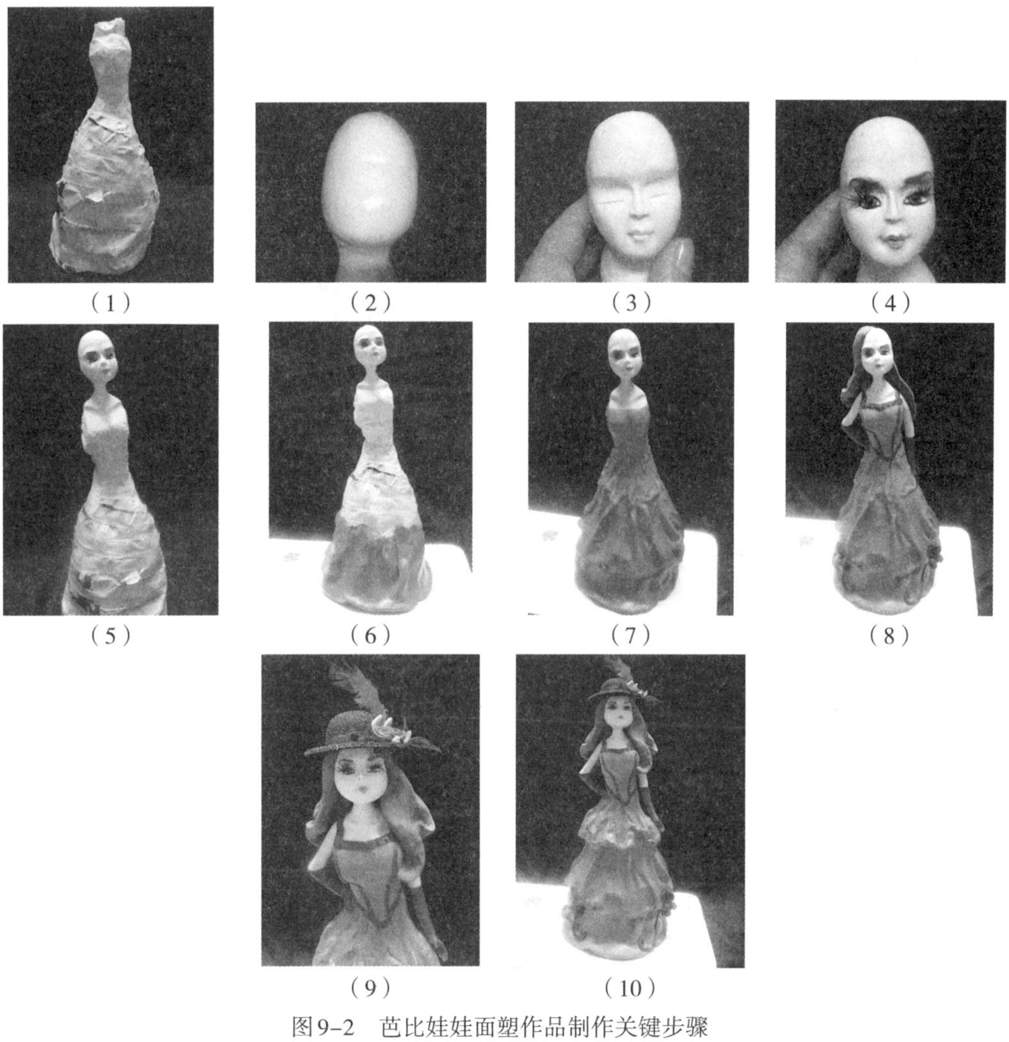

图9–2　芭比娃娃面塑作品制作关键步骤

注意事项

1. 用报纸团塑制身体大概形状时，为防止报纸展开、弹性形变，可用胶带缠绕、绑紧。

2. 塑制面部表情时一定要自然，神态要可爱，面部左右应对称。

3. 身体比例要与头部协调，裙褶要自然、有层次。

4. 制作芭比娃娃面塑作品时要注意很多细节，如衣服颜色、服装款式、饰品的整体协调感等。

知识链接

芭比娃娃（图9–3）是20世纪最为畅销的玩偶，虽然是儿童玩具，但其形象却是身材高挑、曲线玲珑的成熟女人，芭比娃娃的衣服、饰品等，多达数万种。

图9–3　芭比娃娃

项目测试

填空题

1. 骨架制作一定要____________准确，动漫人物一般身体修长，胳膊和腿也相对细长，这样整个身体比例才能协调。

2. 在骨架上包裹面团时一定要把空气____________，不然面团会干裂，各个接口处一定要上____________，不然容易开裂。

项目十　传统人物

学 习 目 标

- 了解更多的面塑制作品类，练习特殊人物的面塑技法
- 掌握更多特殊人物面部特征
- 为制作特殊人物提供积累

看PPT　看电子书

任务一 《西游记》人物孙悟空

一、训练目的

通过制作孙悟空面塑作品，练习特殊人物的面塑技法，同时熟悉面塑人物制作过程。

二、训练准备

1	原料	皮肤色面团、黄色面团、蓝色面团、青色面团、红色面团、白色面团、黑色面团、褐色面团等
2	工具	面塑刀、铁丝、钳子、竹签等

三、制作过程

（1）借助钳子将铁丝做成骨架，并用一块面团做底座来支撑。

（2）将皮肤色面团包裹在铁丝顶端，塑出头部，压出眼窝等。

（3）接着塑出眉骨、眉毛、眼睛、鼻子及嘴部大概形状等。

（4）进一步细致地塑出嘴部及腮帮。

（5）用黄色、皮肤色、白色、红色面团等分别塑出头发、鬓毛、耳朵及头冠，安在

头部。

（6）将青色面团包裹在身体上，塑出身体大概形状，将蓝色面团压成薄片，包裹在上半身。

（7）将黑色面团压成薄片，包裹在小腿上，塑出裹腿，另取部分白色面团塑出脚，安在相应部位。

（8）将白色面团压成薄片，包裹在大腿上，塑出裤子形状，并将红色面团搓成细条，装饰好。

（9）将黄色面团压成薄片，粘在裹腿相应部位，塑出锁子甲纹理。

（10）将红色、黑色、黄色面团等分别压成薄片，包裹在脚上，塑出鞋子。

（11）用红色、黄色、白色面团塑出锁子甲，粘在大腿上。

（12）将褐色、黄色面团压成薄片，塑成袍子下摆，安在腰部。

（13）将青色、黑色面团分别包裹在支撑胳膊的铁丝上，塑出胳膊大概形状。

（14）用皮肤色面团塑出一双手，并将手安在胳膊上。

（15）用红色、黄色、黑色面团塑出铠甲，粘到胳膊及上半身上；用蓝色面团塑出一条围巾，围在脖子上；将红色、黄色面团包裹在竹签上，塑出金箍棒，安在手中。

（16）用黑色、红色、白色面团塑出翎子，安在头顶；做好其他装饰。

孙悟空面塑作品制作关键步骤如图10-1（彩图36）所示。

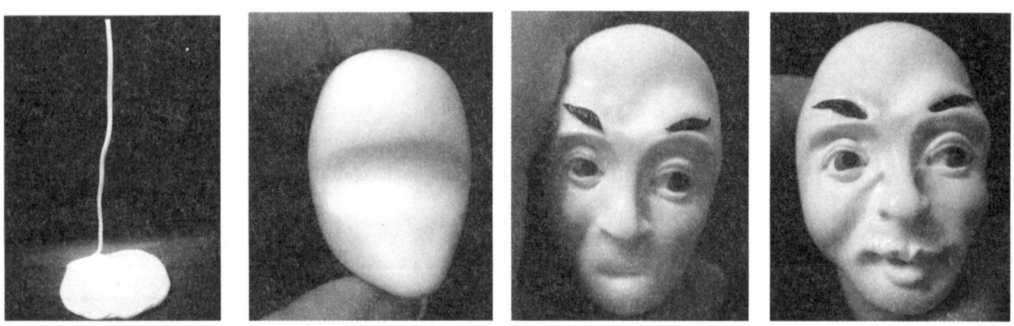

（1）　（2）　（3）　（4）

（5）　（6）　（7）　（8）

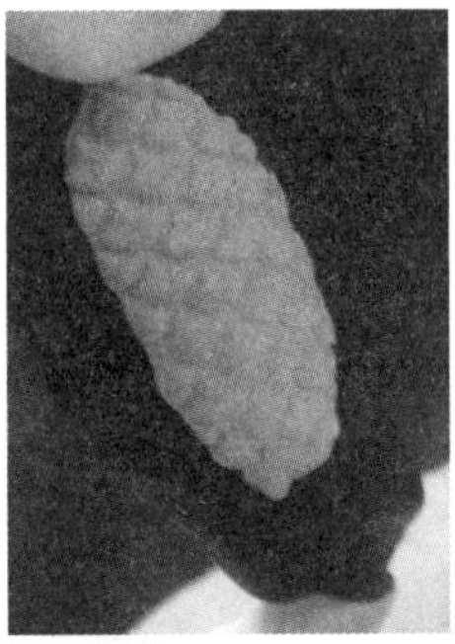
（9）

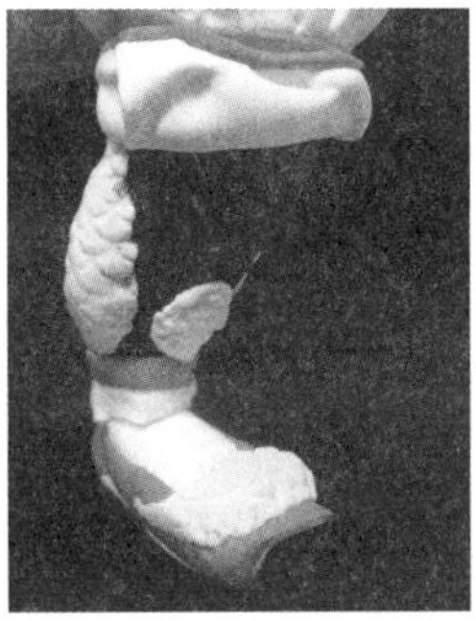
（10）

（11）

（12）

（13）

（14）

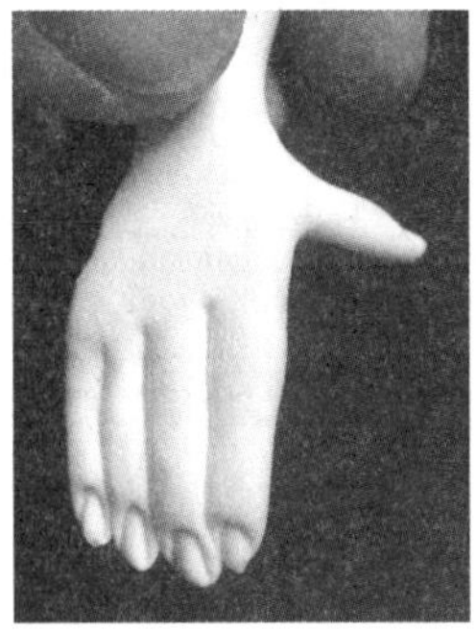
（15）

（16）

（17）

图10–1　孙悟空面塑作品制作关键步骤

注意事项

1.孙悟空是神话人物，孙悟空面塑作品要突出美猴王的特征，做得要精美活泼，尤其是姿态，要充满动感，不可呆呆站立、毫无生气。

2.孙悟空是猴子，所以制作时要把握其特征：身体消瘦，姿态灵动，尖嘴猴腮，面部表情生动。特别要注意的是，身体姿势要协调。

3.这个作品的服饰，制作时应注意色彩搭配和细节处理。

知识链接

图10–2　孙悟空

孙悟空（图10–2），又称齐天大圣，是《西游记》中的主要角色之一。相传其由开天辟地以来的仙石孕育而生，出生地位于东胜神洲的花果山，因带领群猴进入水帘洞而被尊为“美猴王”。为了学艺而漂洋过海，拜师于须菩提祖师，得名孙悟空。出师的孙悟空未得兵器，在东海龙宫取得如意金箍棒，后大闹地府，惊动上天而被玉皇大帝招安，封为弼马温。得知职位低卑后怒返花果山，并战胜李天王和哪吒三太子，迫使玉帝封其为齐天大圣，并在天宫建有府邸，奉旨管理蟠桃园。因搅乱王母的蟠桃盛会、偷吃太上老君的金丹，炼成了金钢之躯，后在太上老君的八卦炉中炼成火眼金睛。之后大闹天宫，众天兵天将对其围剿亦不能将其打败，后来在与如来佛祖的打赌斗法中失利，被压在如来用五指化作的五行山下五百余年，悔过自新。后经观音点化，被唐僧救出，法号行者，保护唐僧西天取经，一路降妖除魔，不畏艰难困苦，历经九九八十一难，最后取得真经、修成正果，被封为斗战胜佛。

任务二　《西游记》人物猪八戒

一、训练目的

通过制作猪八戒面塑作品，练习特殊人物面塑技法，掌握特殊人物不同的面部特征，为以后制作类似人物做好准备。

二、训练准备

1	原料	皮肤色面团、黑色面团、红色面团、白色面团、黄色面团、蓝色面团、褐色面团等
2	工具	面塑刀、铁丝、剪刀等

三、制作过程

（1）将一块皮肤色面团揉匀揉透，包裹在铁丝制成的架子上，塑出头部大体轮廓。

（2）在面部塑出眉弓、眼窝、鼻梁、鼻子等。

（3）接着塑出猪嘴大概形状，压出下巴，再用黑色、白色面团塑出眼睛、眉毛。

（4）用皮肤色面团塑出一对大耳朵，安在头部，用黑色、黄色面团塑出有戒箍的帽子，安在头顶上，将部分红色面团粘在嘴部，塑出红嘴唇及舌头。

（5）将皮肤色面团包裹在铁丝架上，塑出身体大概形状。

（6）在身体面团上塑出胸脯、肚脐，用蓝色面团塑出腿部，安在身体上。

（7）用蓝色、白色面团分别塑出鞋子、袜子等，安在腿上。

（8）将褐色面团压成大片，包裹在身体上，塑成衣服。

（9）将褐色面团压成薄片，卷起来，塑出衣服袖子。

（10）用皮肤色面团塑出胳膊及双手。

（11）将塑好的衣服袖子、胳膊及双手安在身体上。

（12）用蓝色、白色面团塑出钉耙。

（13）将红色面团搓成细条，围在腰间，塑出蝴蝶结腰带。

（14）将钉耙安在肩膀位置，调整好手的姿态。

猪八戒面塑作品制作关键步骤如图10–3（彩图37）所示。

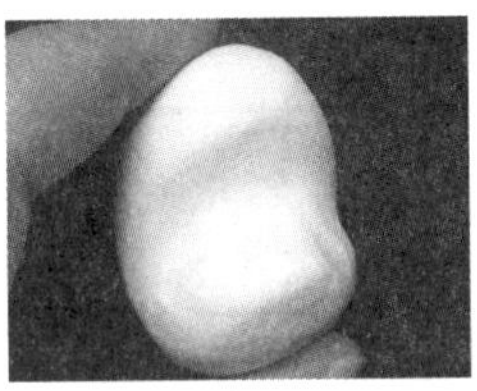
（1）

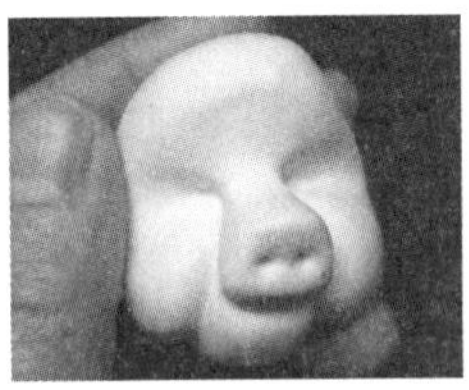
（2）

（3）

（4）

（5）

（6）

（7）

（8）

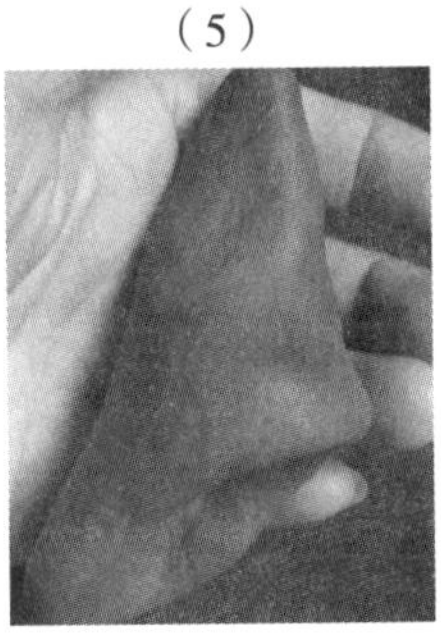
（9）

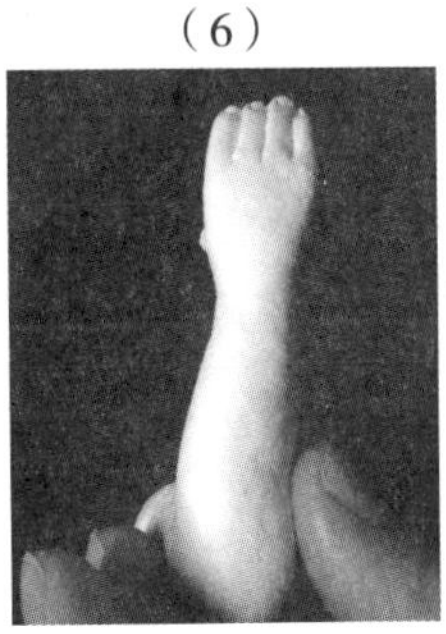
（10）

（11）

（12）

（13）

（14）

图10-3　猪八戒面塑作品制作关键步骤

注意事项

1.制作猪八戒面塑作品时一定要抓住几个重要特征：猪头、肥胖的身体、钉耙。

2.要把握好面部表情，应憨态可掬，不可小鼻子小眼，显得蠢笨。姿态要生动，不可毫无生气。

知识链接

猪八戒（图10-4），又名猪刚鬣、猪悟能，是中国四大名著之一《西游记》中的角色。原是天庭玉皇大帝手下的天蓬元帅，主管天河，因醉酒调戏嫦娥，被玉皇大帝逐出天界，到人间投胎，却又错投猪胎。取得真经后，被封为"净坛使者"。猪八戒既有憨厚率直的品质以及贪婪自私的特点，又有神的本领，同时还有猪的形体特征。

图10-4　猪八戒

任务三　《西游记》人物沙僧

一、训练目的

通过制作沙僧面塑作品，练习特殊人物面塑技法，掌握罗汉类特殊人物的制作方法，为以后制作相似作品打下基础。

二、训练准备

1	原料	褐色面团、红色面团、白色面团、黑色面团、绿色面团、紫色面团、橙色面团、黄色面团、皮肤色面团、颜料等
2	工具	面塑刀、竹签、毛笔、铁丝、压板等

三、制作过程

（1）将褐色面团包裹在铁丝制成的架子上，塑出头部大体形态，在面部依次塑出眉骨、眼窝、腮帮、鼻梁、鼻孔等。

（2）接着在面部细致地塑出眉头紧锁的神态等，将白色面团填充在眼窝里，塑出眼白。

（3）用黑色面团塑出眼珠，粘在眼白上，将红色、白色面团粘在嘴部，塑出牙齿、嘴唇等。

（4）将绿色面团压成大片，包裹在身体上，塑出带有衣褶的长袍；将黑色面团搓成细条，粘在衣服上，塑出衣边的效果；用黑色、白色面团塑出一只鞋，安在袍子底下。

（5）将绿色面团压成薄片，卷成衣袖状并塑出袖子上的褶皱，安在身体上。

（6）将黑色面团分别粘在脑后、鬓角、鼻子下面、下巴上，塑出卷曲的头发及胡须。

（7）将紫色面团压成片，披在身体上，塑出外衣；用橙色面团塑出腰带，安在腰部。

（8）用黑色面团塑出眉毛，粘在相应部位；将皮肤色面团搓成细条，围在头顶，塑出戒箍形状。

（9）用褐色面团塑出双手，安在袖口处；用黑色面团、竹签等塑出降妖宝杖，安在肩膀上；用红色、黄色面团塑出行李，挂在降妖宝杖上；用银色、黑色、土黄等颜料装饰降妖宝杖、行李。

（10）整理作品各部位。

沙僧面塑作品制作关键步骤如图10–5（彩图38）所示。

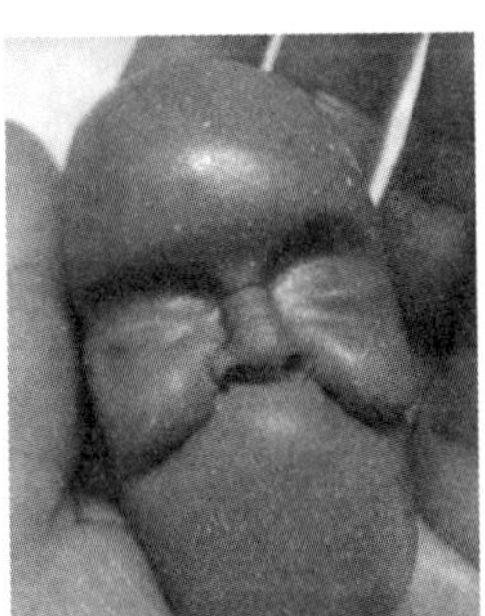

（1）

（2）

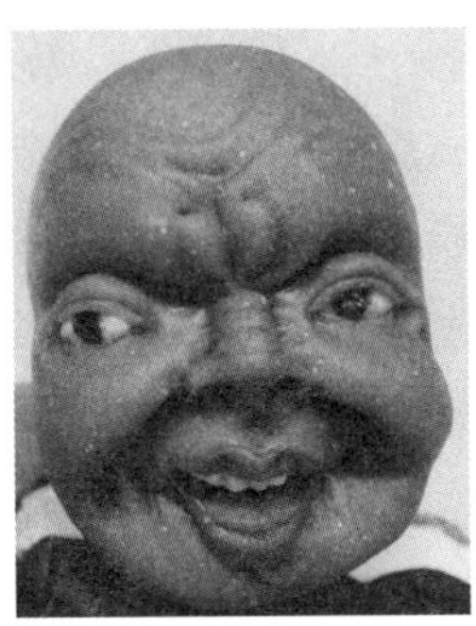

（3）

（4）

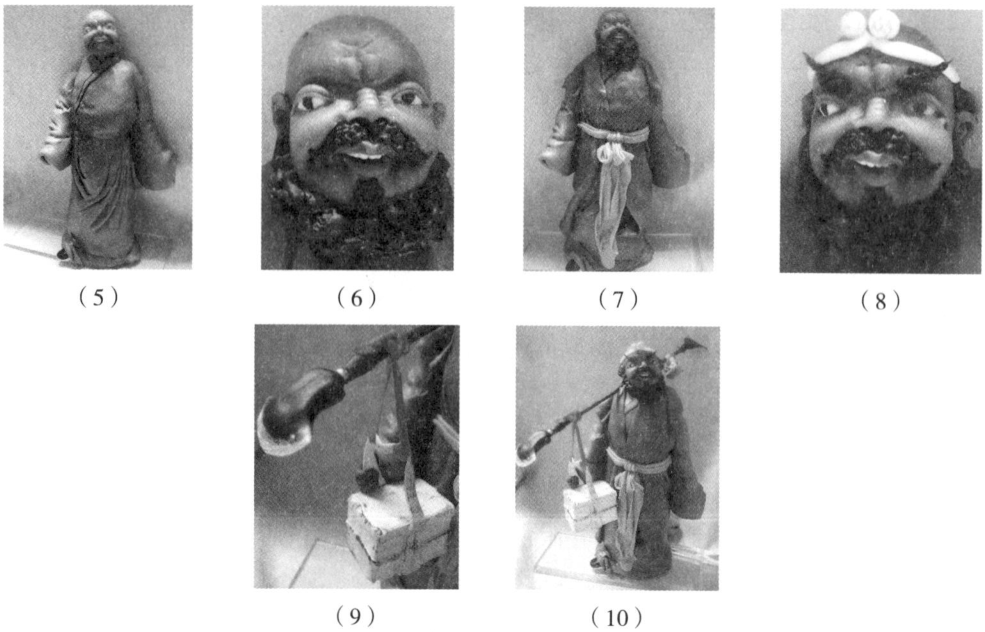

图10-5　沙僧面塑作品制作关键步骤

注意事项

1. 制作沙僧时要抓住其形态特征，注意人物的神态、身体的比例。

2. 胡须制作采用面塑刮面技法，先将面团压成薄片，再用刀尖拨、刮面团，形成沙僧人物胡须的特征。

3. 降妖宝杖、行李等物件应用颜料勾画，以使其更加逼真、形象。

知识链接

沙僧（图10-6），《西游记》中的沙悟净，又叫沙和尚。他是唐僧在流沙河收的徒弟，原是天庭中的卷帘大将，因失手打碎琉璃盏而被贬下凡，盘踞在流沙河。成为唐僧徒弟之后，与师父唐僧、师兄孙悟空、猪八戒以及白龙马一起赴西天取经，历经九九八十一难，功德圆满，被封为南无八宝金身罗汉菩萨。原著小说中使用的武器是降妖宝杖，电视剧上是月牙铲。其身体特征是络腮胡须，头戴戒箍，颈戴一串佛珠，浓眉豹眼，身材魁梧。

图10-6　沙僧

任务四　《西游记》人物唐僧

一、训练目的

通过制作唐僧面塑作品，练习佛教人物的面塑技法，同时熟悉面塑人物制作过程。

二、训练准备

1	原料	皮肤色面团、白色面团、浅蓝色面团、红色面团、黑色面团、黄色面团、颜料等
2	工具	面塑刀、铁丝、毛边纸、压板、细毛笔等

三、制作过程

（1）将皮肤色面团包裹在用铁丝制成的支架上，塑出人物的头部，在面部塑出眉弓、鼻梁等。

（2）在面部细致地塑出眼窝、眼皮，眼窝内填充白色面团，塑出眼白，接着塑出鼻翼、鼻孔。

（3）用黑色面团塑出眼珠，粘在眼白上，塑出嘴部。

（4）用黑色面团塑出眼眉，粘在眉弓上，将毛边纸包裹在支架上，塑出身体及盘腿打坐的姿态；将浅蓝色面团压成大薄片，包裹在身体上，塑出下半身衣服。

（5）将黄色面团压成大薄片，包裹在上半身，塑出上衣。

（6）将白色面团压成薄片，粘在袖口内，塑出里面衣物效果；将红色面团压成大薄片，包裹在身上。

（7）用红色、黄色面团塑出帽子，安在头顶；将白色面团搓成细条后压扁，粘在衣领边上。

（8）用皮肤色面团塑出双耳，粘在头部两侧，并塑出双手，安在袖口处。

（9）用黑色面团塑出佛珠，安在左手上。

（10）用细毛笔蘸上金色颜料，在袈裟上画出纹理。

（11）用红色面团塑出一个红点，粘在眉心，接着塑出两条飘带，粘在帽子两侧，用细毛笔蘸上金色颜料，装饰帽子。

（12）用黄色面团塑出袈裟扣，粘在袈裟上，整理作品各部位。

唐僧面塑作品制作关键步骤如图10–7（彩图39）所示。

（1）

（2）

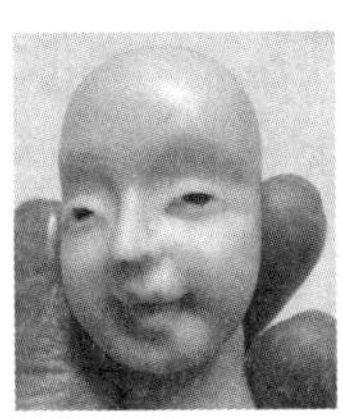

（3）

（4）

（5）（6）（7）（8）（9）（10）（11）（12）

图10-7 唐僧面塑作品制作关键步骤

注意事项

1. 制作唐僧面塑作品时一定要把握其特点，唐僧是僧人，慈眉善目，神态安详，服饰是袈裟，饰品是佛珠。

2. 要处理好衣褶的堆叠，力求自然。

3. 注意身体各部位的比例。

知识链接

唐僧（图10-8），法号玄奘，中国佛教三大翻译家之一，出家后遍访名师，精通经论。唐太宗贞观三年（公元629年），玄奘从京都长安出发，历经艰难，抵达天竺。后游学于天竺各地，贞观十九年（公元645年）回到长安，在大慈恩寺等寺院研究和翻译佛经，直至圆寂。玄奘的故事在民间广泛流传。《西游记》中心人物唐僧，即以玄奘为原型，形象一般为手拿禅杖，身披袈裟，头戴五佛冠。

图10-8 唐僧

任务五　八仙之铁拐李

一、训练目的

通过制作八仙人物铁拐李面塑作品，练习人物相关面塑技法，重点练习人物面部表情的塑制。

二、训练准备

1	原料	皮肤色面团、褐色面团、绿色面团、蓝色面团、黄色面团、黑色面团、白色面团、红色面团等
2	工具	面塑刀、铁丝、竹签、压板等

三、制作过程

（1）将皮肤色面团包裹在用铁丝制成的支架顶端，塑出头部大体形状。

（2）在人物面部塑出眉骨、鼻梁等。

（3）接着在面部细致地塑出额头皱纹、眼窝、眼皮、眼睑、眼角皱纹等，用黑色、白色面团塑出眼珠、眼白，粘在眼睛相应部位；塑出鼻孔、鼻翼、颧骨、嘴、法令纹等。

（4）塑出嘴张开的形态及嘴唇、嘴角，将白色面团粘在上嘴唇里，塑出上排牙齿。

（5）将红色面团粘在嘴唇上，塑出干裂的形态，白色面团粘在下嘴唇里，塑出下排牙齿。

（6）将褐色面团压成薄片，经刮、拨，塑成卷曲的眉毛、胡须形态，分别粘在眉弓上和嘴部周围。

（7）将皮肤色面团粘在头部两侧，塑出耳朵。

（8）将褐色面团压成薄片，经刮、拨，塑成卷曲形态，粘在鬓角两侧。

（9）将皮肤色面团包裹在铁丝架上，塑出身体上半身大概形状。

（10）用皮肤色面团塑出两条腿并调整成盘腿的姿态；用面塑刀在上半身面团上塑出瘦骨嶙峋的形态。

（11）将白色面团压成大薄片，包裹在下半身，塑出衣褶。

（12）将一竹签横插在肩膀处；黑色面团压成大薄片，披在上半身，塑出衣褶。

（13）用皮肤色面团塑出两只胳膊，安在身体上。

（14）将黑色面团压成薄片，盖在手臂上，塑出侧面衣褶的效果。

（15）用绿色、黄色面团塑出葫芦。

（16）用蓝色、黄色面团塑出水花，与人物、葫芦组合在一起，整理整体作品形态。

八仙之铁拐李面塑作品制作关键步骤如图10–9（彩图40）所示。

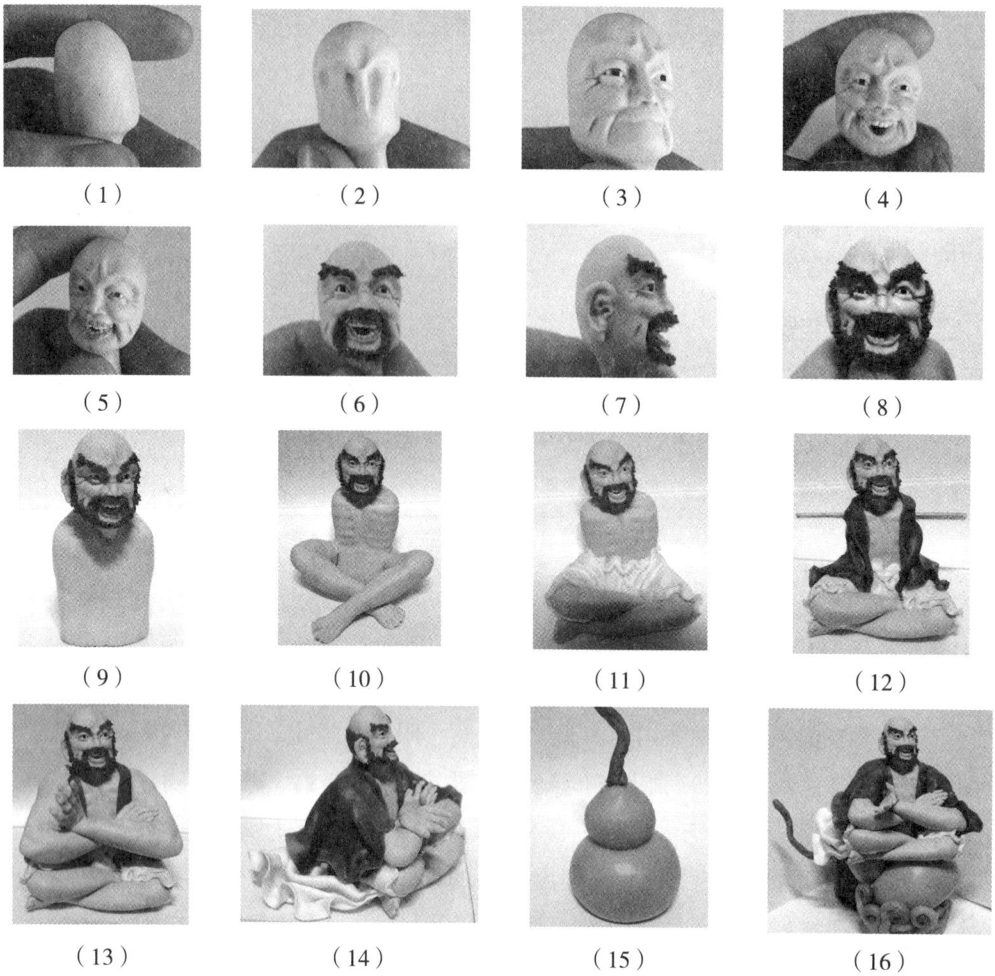

图10-9　八仙之铁拐李面塑作品制作关键步骤

注意事项

1. 制作面塑人物时一定要把握好人物的面部特征，铁拐李是一个乞丐，满脸皱纹，面部棱角分明。

2. 铁拐李露出的手和腿要特别细致地塑造，塑出筋骨方才逼真。

3. 衣物一定要塑出飘然的感觉，不能呆板地贴在身上毫无动感。

知识链接

铁拐李，姓李名玄，一说曾遇太上老君得道。相传李玄本乃一眉清目秀、文质彬彬、身材魁梧的读书人，是个体面的伟丈夫。因考场腐败，多次名落孙山，从此灰心丧气，看破红尘，离家出走，学道访仙，专攻修炼之术。几年过去，李玄自感收效甚微。一日，他悟得不长进之因：修行道业没有名师指点，靠自己一得之见，事倍功半，道业难成，便决心跟随老子学道。一日神游华山，赴太上老君七日集中教化之约，便嘱其徒儿七日不返可火化其身，然徒儿因母病急欲归家，六日即火化之。第七日李玄返魂无所归，乃附在一跛脚乞丐之身，竹杖变为铁拐，故名铁拐李。另一说经西王母点化成仙，封东华教主，授铁杖一根。之后，铁拐李精专于药理，炼得专治风湿骨痛之药膏，恩泽乡里，普救众生，深得百姓拥戴，被封“药王”。八仙中，铁拐李为年代最久、资历最深者，民间传说其为八仙之首。

任务六　八仙之汉钟离

一、训练目的

通过制作八仙人物汉钟离面塑作品，练习特殊人物的相关面塑技法，重点练习人物面部表情和身体形态的制作。

二、训练准备

1	原料	皮肤色面团、绿色面团、橙色面团、白色面团、黑色面团、红色面团等
2	工具	面塑刀、铁丝、压板等

三、制作过程

（1）将皮肤色面团包裹在用铁丝制成的支架顶端，塑出头部大概形状。

（2）用面塑刀在面部塑出眉骨、眼窝、鼻梁、鼻孔等。

（3）接着在面部细致地塑出笑眼的神态，塑出眼睑、眼角及眼角皱纹等。

（4）在面部塑出鼻翼、嘴等。

（5）将皮肤色面团粘在头部两侧，塑出耳朵。

（6）将黑色面团搓成细条，粘在眼缝上，将红色面团粘在嘴部，塑出干裂的嘴唇。

（7）将皮肤色面团包裹在铁丝架上，塑出身体大概形状，在上半身塑出胸脯。

（8）用黑色面团塑出头发、眉毛、胡须，分别粘在对应位置上。

（9）用皮肤色面团塑出两只脚，安在身体上。

（10）将白色面团压成大片，包裹在下半身，塑出衣服褶皱。

（11）用皮肤色面团塑出两只胳膊，安在身体上。

（12）将橙色面团压成大片，包裹在上半身，塑出衣服衣褶。

（13）用绿色面团塑出一把芭蕉扇。

（14）将人物摆放在芭蕉扇上，整理整体形态。

八仙之汉钟离面塑作品制作关键步骤如图10-10（彩图41）所示。

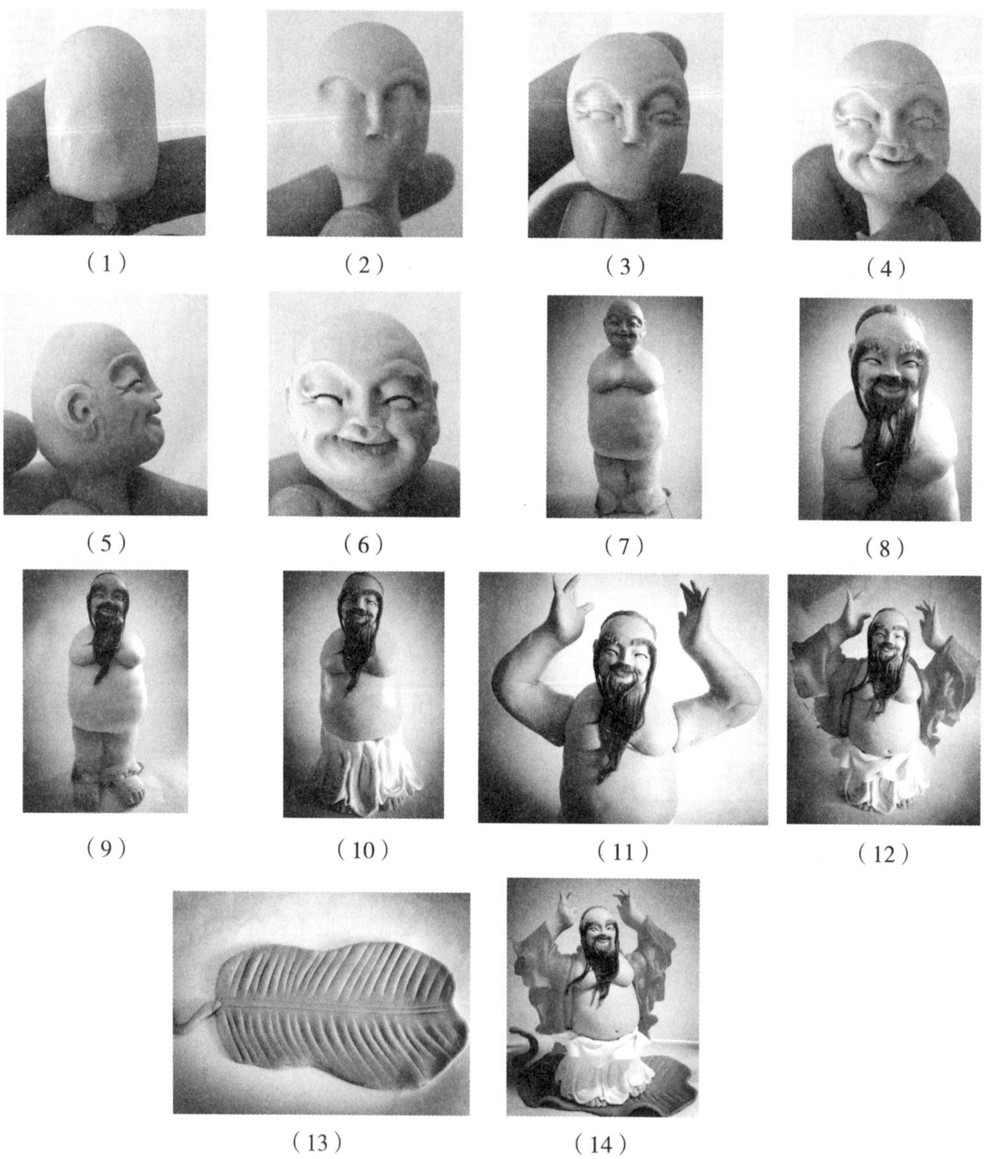

图10-10　八仙之汉钟离面塑作品制作关键步骤

注意事项

1. 汉钟离特点是肚子大，脸部较圆，掌握好人物特征才能使人物形象生动。
2. 制作人物时一定要把握好人物各部分的比例。
3. 制作人物时还要注意饰物和人物衣服颜色的搭配。

任务七　八仙之吕洞宾

一、训练目的

通过制作八仙人物吕洞宾面塑作品，练习特殊人物的面塑技法，熟悉面塑人物制作流程，为以后制作人物打下基础。

二、训练准备

1	原料	皮肤色面团、白色面团、蓝色面团、黄色面团、红色面团、黑色面团、绿色面团等
2	工具	面塑刀、竹签、压板、铁丝等

三、制作过程

（1）将皮肤色面团包裹在铁丝架顶端，塑出头部大概形状。

（2）在面部塑出眼窝、鼻梁等，用黑色、白色面团塑出眼珠、眼白，粘在眼睛上。

（3）接着在面部细致地塑出鼻孔、鼻翼、法令纹、嘴、酒窝等。

（4）将皮肤色面团粘在头部两侧，塑出耳朵。

（5）将部分黑色面团包裹在头顶，塑出头发，另取部分黑色面团，搓成细条，粘在眉弓上，塑出眼眉。

（6）将白色面团包裹在铁丝架上，塑出上半身。

（7）用白色面团塑成带有衣褶的裤腿，安在身体上。

（8）用黑色面团塑出头发、胡须等，分别粘在相应部位。

（9）用白色面团塑出两只衣袖，安在身体上。

（10）用皮肤色面团塑出双手，安在袖口处。

（11）用黑色面团塑出鬓角毛发，粘在两侧鬓角。

（12）将蓝色面团包裹在铁丝上，塑出龙身体。

（13）用黑色面团塑出两只鞋子，安在身体上，塑好的龙身体安在人物身体下面。

（14）用蓝色、黄色、红色、黑色、白色面团塑出龙头，安在龙身体相应部位。

（15）用蓝色、绿色等面团塑出浪花。

（16）用黑色面团、竹签塑出一把宝剑，装饰在人物身体上；将浪花与人物等组合在一起，整理作品整体形态。

八仙之吕洞宾面塑作品制作关键步骤如图10-11（彩图42）所示。

图10-11　八仙之吕洞宾面塑作品制作关键步骤

注意事项

1. 因为面塑作品上有龙，所以要注意人物身体的姿势与龙的搭配。
2. 最重要的是人物面部表情的塑造，五官位置应左右对称。

知识链接

传说吕洞宾唐太宗贞观二十年（公元646年）出生于河中府永乐县（今山西芮城），自幼好读，博览群书，但三举进士不第。武则天天授二年（公元691年），年近50岁的吕洞宾又去长安应考，在酒肆中遇见汉钟离。汉钟离让他做了一个建功树名、出将入相、封妻荫子的美梦，其醒后方知功名利禄皆为梦幻，遂大彻大悟，拜汉钟离为师，赴终南山修道。其后遍游山水，传道度人，53岁归宗庐山，64岁上朝元始、玉皇，赐号纯阳子。

任务八　八仙之张果老

一、训练目的

通过制作八仙人物张果老面塑作品，熟练掌握面塑人物制作技法，尤其是老年人物面部特征表现技法。

二、训练准备

1	原料	皮肤色面团、绿色面团、黄色面团、白色面团、红色面团、黑色面团等
2	工具	面塑刀、铁丝、压板等

三、制作过程

（1）将皮肤色面团包裹在铁丝架顶端，塑出人物头部大概形状。

（2）在面部塑出眉骨、眼窝、鼻梁等。

（3）接着在面部细致地塑出眼睛，用黑色、白色面团塑出眼珠、眼白，粘在眼睛上。

（4）在面部塑出眼角皱纹、眼袋、鼻子、嘴部、法令纹等细节。

（5）将皮肤色面团粘在头部两侧，塑出耳朵。

（6）将白色面团粘在嘴里，塑出牙齿。

（7）用白色面团塑出头发、胡须、眉毛，分别粘在相应部位；将红色面团粘在嘴部，塑出干裂形态的嘴唇；将绿色面团包裹在铁丝架上，塑出上半身大概形状。

（8）用绿色面团塑出两条裤腿的形状，安在身体上。

（9）将绿色面团压成大薄片，卷成衣袖，塑出衣褶，安在身体上。

（10）用白色面团塑出长胡须，粘在下巴上。

（11）将绿色面团压成大薄片，塑出袍子下摆的形状，安在身体上。

（12）用绿色面团塑出一只老龟，用蓝色、黄色等面团塑出浪花，安在老龟下面。

（13）用黄色面团塑出一只渔鼓，安在人物怀里，塑好的人物摆放在老龟身上。

八仙之张果老面塑作品制作关键步骤如图10-12（彩图43）所示。

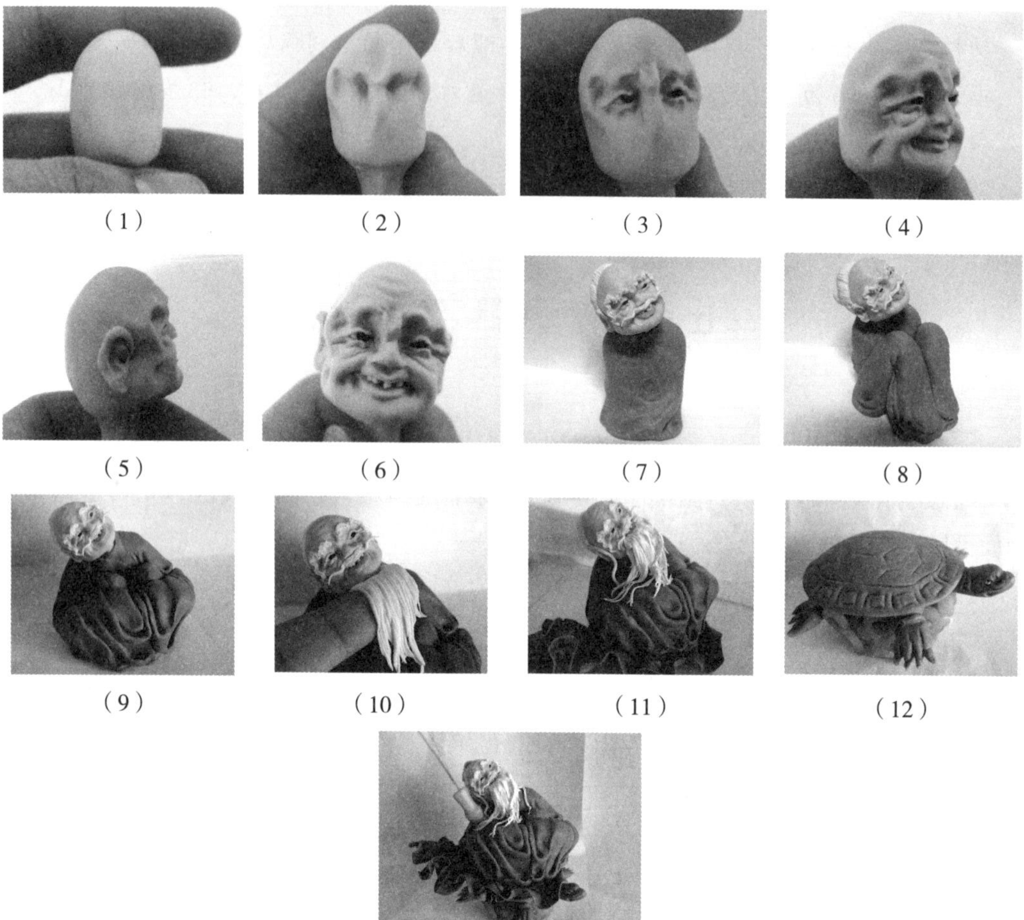

图10-12　八仙之张果老面塑作品制作关键步骤

注　意　事　项

1.张果老是一个老人，制作时一定要塑造好面部特征和表情，注意嘴部和眼角周围的皱纹。

2. 该面塑人物呈抱膝坐姿，一定要注意各部位的比例，不能腿部过长或者过短，否则会造成比例不恰当，看起来呆板。

3. 制作衣褶时可以用一块面团先试着做，或者将一块布搭在物体上，观察衣褶的变化，依样做出衣褶，力求效果自然、堆叠合理。

知识链接

据说张果老是八仙中历史上确有其人的两人之一，出入常乘一匹白驴，倒骑之，日行万里，休息时，便把驴像纸一样折叠起来，置于巾箱中，乘则以水喷之，便又成为真驴。

任务九　八仙之曹国舅

一、训练目的

通过制作八仙人物曹国舅面塑作品，熟悉面塑人物制作方法和制作过程，练习相应的面塑技法，掌握面部特征塑造技法。

二、训练准备

1	原料	皮肤色面团、蓝色面团、黄色面团、白色面团、黑色面团、红色面团等
2	工具	面塑刀、铁丝、压板等

三、制作过程

（1）将皮肤色面团包裹在铁丝架顶端，塑出头部大概形状。

（2）用面塑刀塑出眼窝、鼻梁。

（3）接着在面部细致地塑出眼睛及眼角皱纹，用白色、黑色面团塑出眼白、眼珠，粘在眼睛上，接着塑出鼻子。

（4）在面部分别塑出鼻翼、鼻孔、法令纹、嘴等细节，将白色面团粘在嘴里，塑出牙齿，用黑色面团塑出眉毛，粘在眉弓上。

（5）将皮肤色面团粘在头部两侧，塑出耳朵。

（6）将红色面团粘在嘴部，塑出干裂的嘴唇。

（7）将红色面团包裹在铁丝架上，塑出上半身。

（8）用黑色、白色面团塑出官帽。

（9）用白色、黑色面团塑出裤腿及靴子，安在身体上。

（10）用黑色面团塑出胡须、衣服装饰，分别粘在面部、衣服上。

（11）将红色面团压成大薄片，卷成袖子，安在相应部位。

（12）用皮肤色面团塑出双手，安在袖口处。

（13）用黄色面团塑出笏板，安在人物脚下。

（14）用蓝色、黄色面团等塑出浪花，安在人物脚下。

（15）将红色面团压成薄片，塑出袍子下摆，粘在身体上。

（16）用黑色面团塑出两缕长发，粘在鬓角，整理作品整体形态。

八仙之曹国舅面塑作品制作关键步骤如图10–13（彩图44）所示。

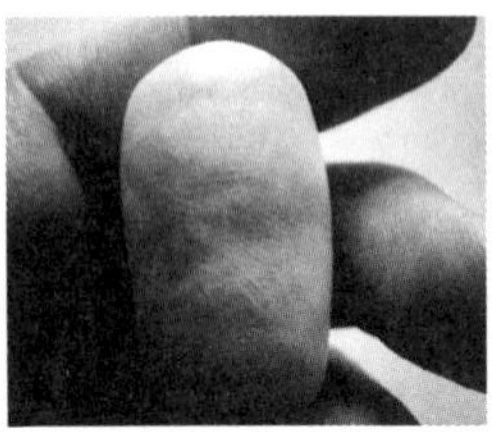
（1）

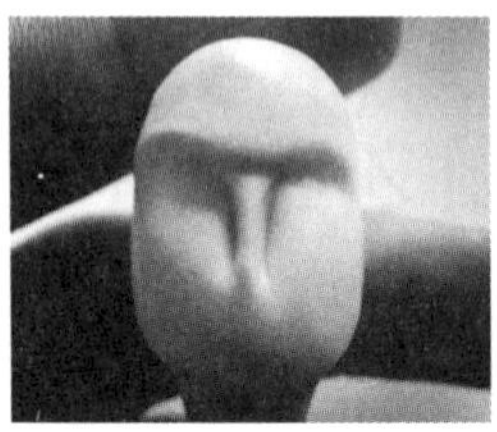
（2）

（3）

（4）

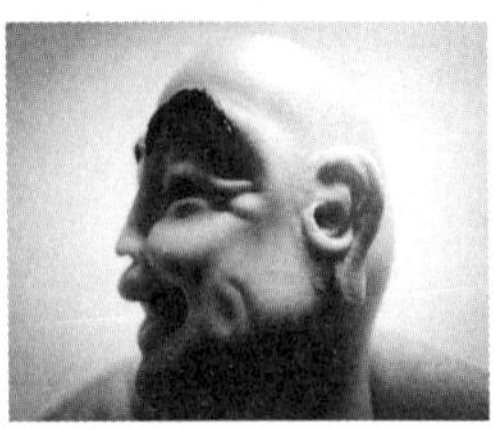
（5）

（6）

（7）

（8）

（9）

（10）

（11）

（12）

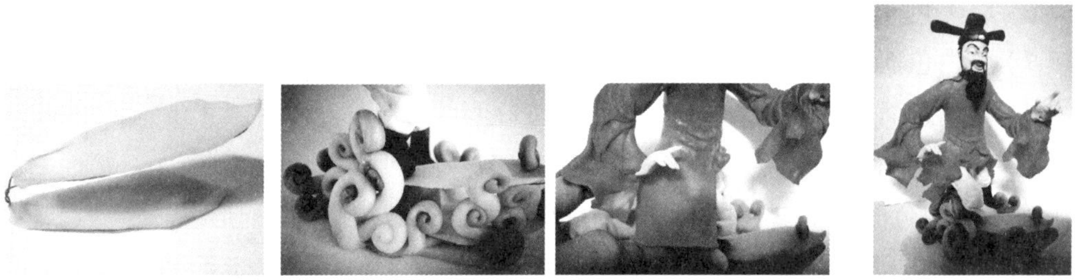

（13） （14） （15） （16）

图10-13 八仙之曹国舅面塑作品制作关键步骤

注意事项

1. 站立的人物要掌握好各部分的比例。
2. 面塑人物的衣褶要做到飘散自然，切不可死板。

任务十 八仙之蓝采和

一、训练目的

通过制作八仙人物蓝采和面塑作品，熟悉面塑人物制作过程和制作技法，为制作人物类题材作品打下基础。

二、训练准备

1	原料	皮肤色面团、黑色面团、白色面团、褐色面团、蓝色面团、红色面团、黄色面团、粉色面团等
2	工具	面塑刀、铁丝等

三、制作过程

（1）将皮肤色面团包裹在铁丝架顶端，塑出人物头部大概形状。

（2）在面部塑出眼睛、鼻梁、法令纹等，用黑色面团塑出眼睫毛等，粘在眼睛上。

（3）在面部细致地塑出鼻翼、嘴，用黑色面团塑出眉毛，粘在眉弓上。

（4）将皮肤色面团粘在头部两侧，塑出耳朵。

（5）将红色面团粘在嘴部，塑出红嘴唇；将白色面团粘在嘴里，塑出牙齿。

（6）将黑色面团包裹在头部，塑出头发。

（7）将白色面团包裹在铁丝架上，塑出身体上半身。

（8）用白色面团塑出两条蜷曲的裤腿，安在身体上。

（9）用白色面团塑出两只带胳膊的衣袖，安在身体上。

（10）将褐色面团压成大薄片，包裹在身体上，塑出衣服及衣褶形态。

（11）用皮肤色面团塑出双手，安在胳膊上。

（12）用黄色、蓝色、粉色、褐色面团塑出花篮及花篮内的小花。

（13）用蓝色、白色面团塑出浪花。

（14）将花篮、浪花与人物组合在一起。

八仙之蓝采和面塑作品制作关键步骤如图10–14（彩图45）所示。

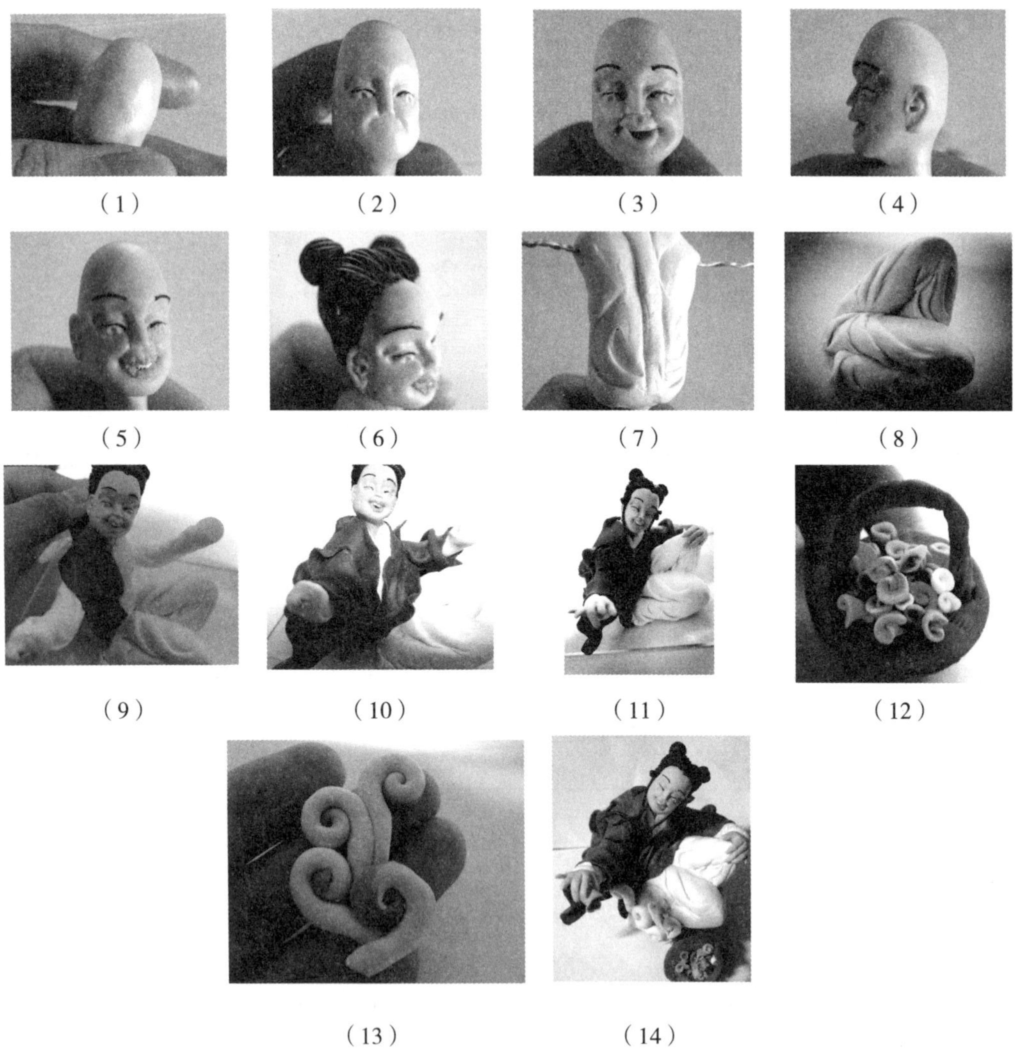

（1）（2）（3）（4）（5）（6）（7）（8）（9）（10）（11）（12）（13）（14）

图10–14　八仙之蓝采和面塑作品制作关键步骤

注意事项

1. 蓝采和形象较年轻，脸部的皱纹少，且要微笑。
2. 衣服纹理要自然。
3. 各部分要粘贴牢固，不然干后易开裂。

知识链接

蓝采和的事迹在一些古书中均有记载。南唐沈汾《续仙传》："蓝采和，不知何许人也。常衣破蓝衫……一脚著靴，一脚跣行。夏则衫内加絮，冬则卧于雪中，气出如蒸。每行歌于城市乞索，持大拍板，长三尺余，常醉踏歌，老少皆随看之。机捷谐谑，人问应声答之，笑皆绝倒，似狂非狂，行则振靴……后踏歌濠梁间，于酒楼乘醉，有云鹤笙箫声。忽然轻举于云中，掷下靴、衫、腰带、拍板，冉冉而去。"

任务十一 八仙之韩湘子

一、训练目的

通过制作八仙人物韩湘子面塑作品，练习面塑人物相关技法，重点练习人物面部表情的塑造。

二、训练准备

1	原料	皮肤色面团、青色面团、蓝色面团、黄色面团、黑色面团、棕色面团等
2	工具	面塑刀、竹签、铁丝等

三、制作过程

（1）将皮肤色面团包裹在铁丝架顶端，塑出头部大体形状。

（2）用面塑刀塑出眉骨、眼窝、鼻梁等。

（3）在面部细致地塑出眼睛、鼻子、嘴，用黑色面团塑出眉毛、眼睫毛，粘在眉弓、眼睛上。

（4）将皮肤色面团粘在头部两侧，塑出耳朵。

（5）将黑色面团包裹在头部，塑出头发。

（6）将青色面团包裹在铁丝架上，塑出上半身。

（7）用青色面团塑出两条裤腿，安在身体上，在上半身的面团上塑出衣襟及装饰纹。

（8）用青色面团塑出两只衣服袖子，安在身体上。

（9）用皮肤色面团塑出双手，安在袖口处。

（10）用棕色面团塑出两只鞋，安在裤腿下面。

（11）用黑色面团塑出两缕头发，粘在两侧鬓角。

（12）用蓝色、黄色面团塑出浪花。

（13）用竹签等制作一只笛子，安在人物手中，将浪花与人物组合在一起。

八仙之韩湘子面塑作品制作关键步骤如图10-15（彩图46）所示。

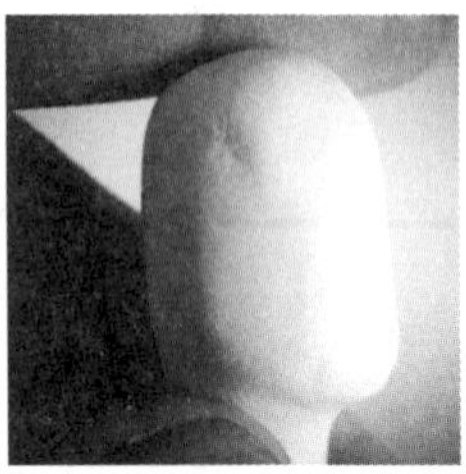
（1）

（2）

（3）

（4）

（5）

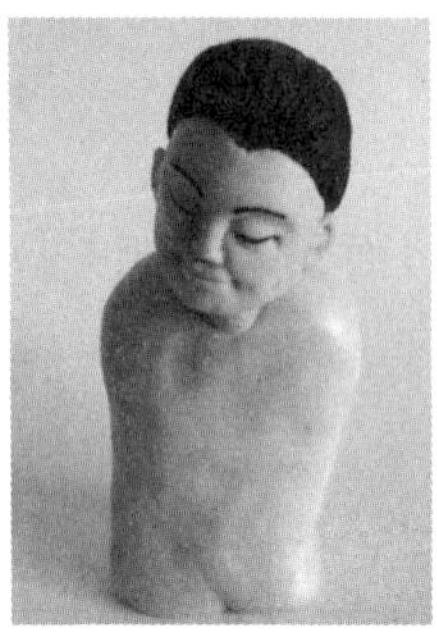
（6）

（7）

（8）

（9）

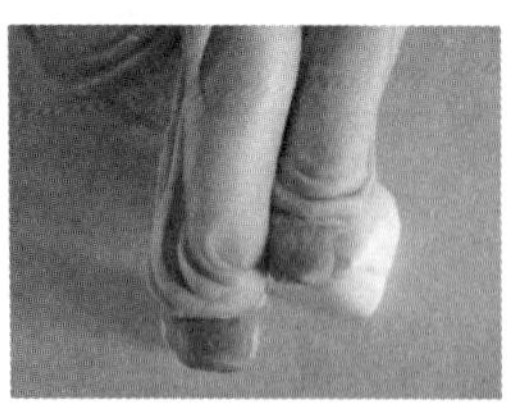
（10）

（11）

（12）

（13）

图10-15 八仙韩湘子面塑作品制作关键步骤

注意事项

1. 韩湘子是八仙中较为年轻的，所以他的面容要秀气一些，脸部要光滑，神态要和蔼。

2. 制作坐姿人物面塑作品时，身体姿态一定要协调，不能有违生理规律。

3. 韩湘子是一个书生，制作时一定要将人物的气质表现出来。

知识链接

据说韩湘子为唐朝韩愈的侄孙，生性放荡不拘，不好读书，只好饮酒，世传其倾慕山川之趣，二十多年音讯全无。在唐元和年间，忽然回到长安，衣衫破旧，行为怪异。韩愈让他读书，但韩湘子和学员讨论时一言不发，韩愈担心不已，问他："人各有所长，就算小贩也有一技之长，你如此胡闹，将来能做什么呢？"韩湘子说："我也有一门技巧。只是你不知道。"韩愈问："那你能做什么？"时值初冬，他却令牡丹顷刻开花且花开数色。

任务十二　八仙之何仙姑

一、训练目的

通过制作八仙人物何仙姑面塑作品，练习人物面塑技法，熟悉仕女人物身体特征，为以后制作类似作品打下基础。

二、训练准备

1	原料	皮肤色面团、黄色面团、红色面团、白色面团、黑色面团、绿色面团、蓝色面团等
2	工具	面塑刀、铁丝、压板等

三、制作过程

（1）将皮肤色面团包裹在铁丝架顶端，塑出头部形状，并塑出眼睛、鼻子、嘴。

（2）将皮肤色面团粘在头部两侧，塑出耳朵。

（3）用黑色面团塑出眉毛、睫毛，粘在眉弓、眼睛上。

（4）将皮肤色面团包裹在铁丝架上，塑出上半身及下半身。

（5）将绿色面团压成薄片，包裹在上半身，塑出裹胸，下半身用白色面团塑出裙子。

（6）用皮肤色面团塑出胳膊及双手，安在身体上。

（7）将红色面团压成大薄片，包裹在身体上，塑出衣服。

（8）将黑色面团包裹在头部，塑出头发。

（9）用蓝色、黄色面团塑出浪花，安在人物脚下，用绿色、红色面团塑出荷叶、荷花，安在人物手上、脚下及相应部位。

（10）整理作品。

八仙之何仙姑面塑作品制作关键步骤如图10–16（彩图47）所示。

（1）

（2）

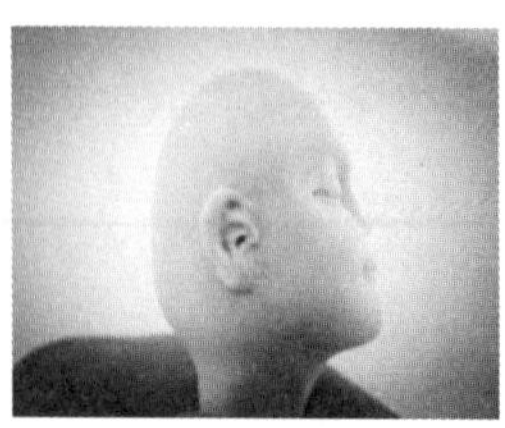
（3）

（4）

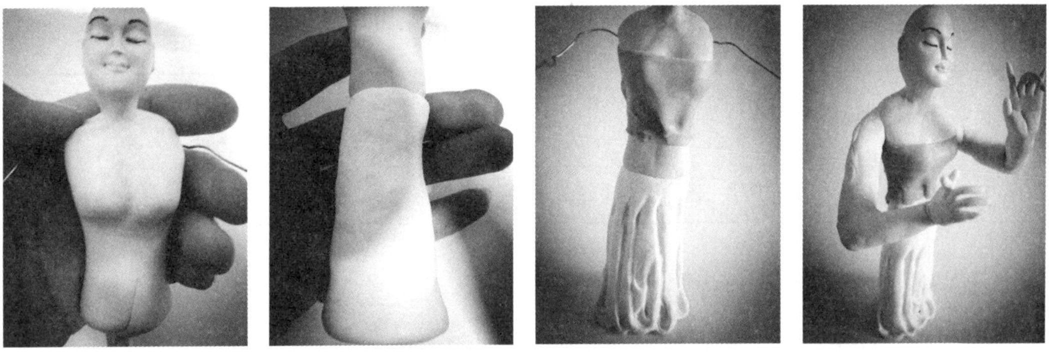

（5）　（6）　（7）　（8）

（9）　（10）　（11）　（12）

图10–16　八仙之何仙姑面塑作品制作关键步骤

注意事项

1. 制作面塑人物作品时一定要把握好身体比例，尤其是头部、四肢与躯干要协调。

2. 仕女人物最难的部分就是面部，尤其是面部表情的塑造，一定要细致入微。

任务十三　寿星

一、训练目的

通过制作寿星面塑作品，练习相应的面塑技法，熟悉人物制作过程，掌握寿星面部表情特征。

二、训练准备

1	原料	皮肤色面团、黄色面团、白色面团、红色面团、黑色面团、绿色面团、颜料等
2	工具	面塑刀、滚子、铁丝、压板、细毛笔等

三、制作过程

（1）将皮肤色面团包裹在铁丝架顶端，塑出头部大概形状。

（2）接着细致地塑出眼睛、鼻子、嘴及面部皱纹。

（3）用黑色、白色面团塑出鞋子，安在身体上。

（4）将黄色面团压成大薄片，包裹在下半身上，塑出袍摆及衣褶。

（5）用黑色面团塑出蔽膝，粘在相应位置；将黄色面团压成大薄片，包裹在上半身上，塑出衣服及衣褶。

（6）将黄色面团压成大薄片，塑成衣袖，安在身体上。

（7）将黑色面团搓成细条并压扁，粘在身体上，塑出衣领。

（8）用白色面团塑出眉毛、胡须等，分别粘在相应位置；将皮肤色面团粘在头部两侧，塑出耳朵。

（9）用皮肤色面团塑出双手，安在袖口处；用红色、黄色、绿色面团塑出寿桃，粘在手上。

（10）用黑色、黄色、红色面团塑出拐杖及葫芦，安在手上。

（11）用细毛笔蘸上颜料，点缀衣物及面部等。

寿星面塑作品制作关键步骤如图10–17（彩图48）所示。

（1）　（2）　（3）　（4）

（5）

（6）

（7）

（8）

（9）

（10）

（11）

（12）

图 10–17　寿星面塑作品制作关键步骤

注意事项

1. 制作寿星面塑作品时要突出大脑门、长袍宽袖、寿桃和拐杖。
2. 要塑造好寿星和蔼、吉祥的神态，突出笑容和面部皱纹。
3. 身体各部位比例应协调。

知识链接

寿星，中国神话中的长寿之神。本为恒星名，为福、禄、寿三星之一，又称南极老人星。明朝小说《西游记》描写寿星“手捧灵芝”“长头大耳短身躯”。一般的画像中寿星为白须老翁，持杖，额部隆起，常以鹿、鹤、仙桃等衬托，象征长寿。

项目测试

实践题

1. 制作《西游记》唐僧师徒4人面塑作品。
2. 根据所掌握的技能以及所查的知识，试着制作财神面塑作品。

参考文献

[1] 孙胜银．雕塑技法［M］．南京：江苏美术出版社，2001.

[2] 白庚胜，于法鸣．中国民间面塑技法［M］．北京：中国劳动社会保障出版社，2009.

[3] 张定成．面塑制作教程［M］．北京：中国轻工业出版社，2009.

[4] 王玓．面塑和面塑制作［M］．长春：吉林美术出版社，2004.

附录　宴席、展示台精品面塑欣赏

根据宴席、展示台的主题、用餐内容、规格标准、台面摆放位置大小等，使用天然、可食用颜料调和各色面团，设计并制作出精致的组合花馍作品（附图）（彩图49）。

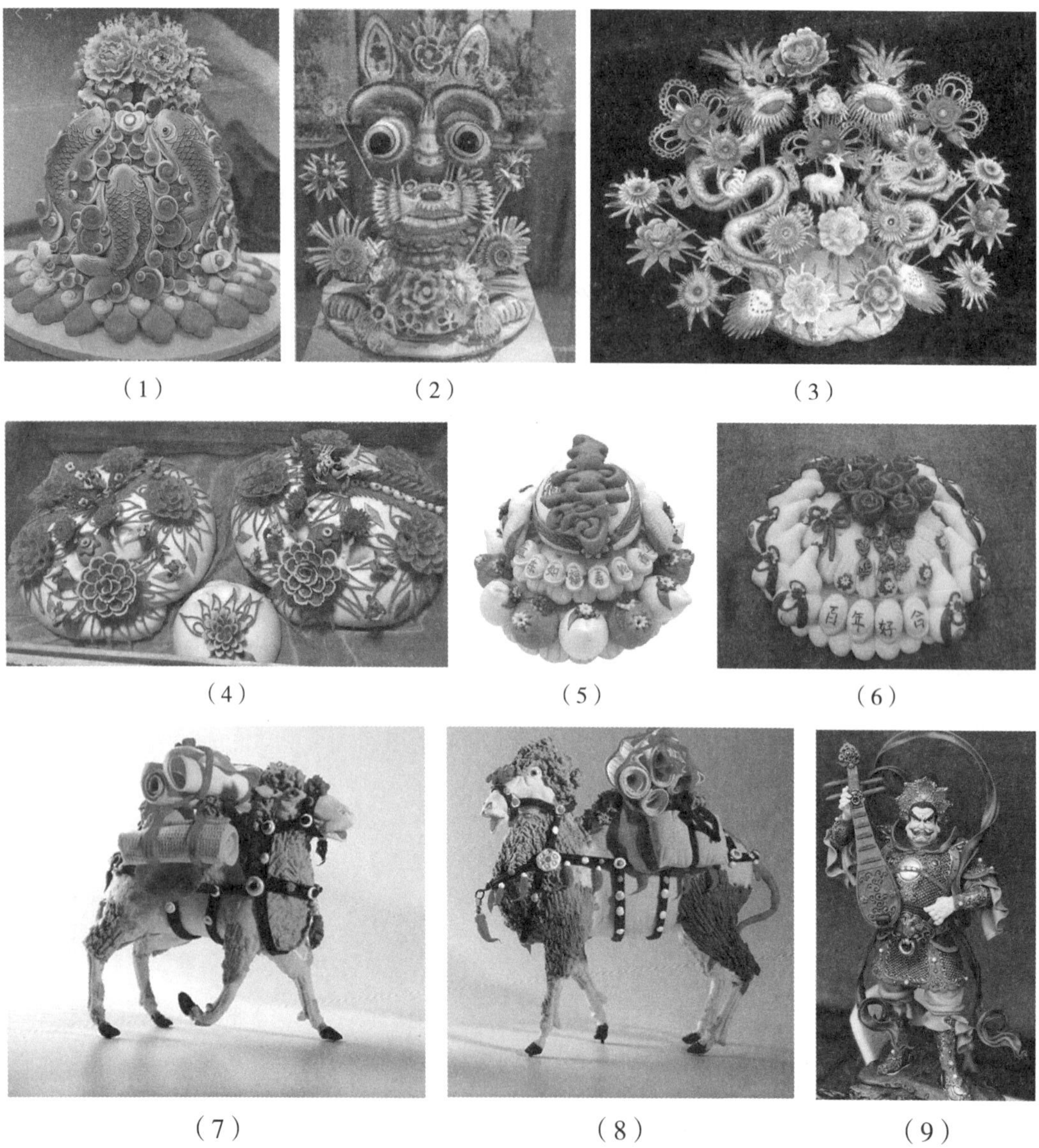

附图　面塑欣赏